MBTI：

我和我的使用说明书

夏瑄澧◎著

北京科学技术出版社

著作权合同登记号　图字：01-2023-4182

图书在版编目（CIP）数据

MBTI：我和我的使用说明书 / 夏瑄澧著 . — 北京：北京科学技术出版社，2024.8
ISBN 978-7-5714-3776-3

Ⅰ . ① M… 　Ⅱ . ①夏… 　Ⅲ . ①心理学—通俗读物 　Ⅳ . ① B84-49

中国国家版本馆 CIP 数据核字 (2024) 第 057204 号

策划编辑：马心湖
责任编辑：田　恬
责任校对：王晶晶
图文制作：旅教文化
责任印制：李　茗
出 版 人：曾庆宇
出版发行：北京科学技术出版社
社　　址：北京西直门南大街16号
邮政编码：100035
电　　话：0086-10-66135495（总编室）
　　　　　0086-10-66113227（发行部）
网　　址：www.bkydw.cn
印　　刷：北京顶佳世纪印刷有限公司
开　　本：889 mm × 1194 mm　1/32
字　　数：185千字
印　　张：8.25
版　　次：2024年8月第1版
印　　次：2024年8月第1次印刷
ISBN 978-7-5714-3776-3

定　　价：69.00元

简体中文版序言

我的作品终于有简体中文版了!

感谢大家帮助我梦想成真,因为如果要探究,我写这本书也是出于各方朋友和粉丝们对我的鼓励。

三年前,我创立的顾问公司经营还不太稳定,那段时间工作不多,我时常和助理分享一些心理学的研究成果和自己的想法。有一天,我的助理建议我录一些平常跟他分享的内容发布在油管(YouTube)上。我在准备内容上花了很多心思,其中最困难的是克服自己对镜头的恐惧与尴尬。最初,我的视频的点击率基本上都是几十到几百(大部分观众可能是我的亲友吧)。在我考虑放弃时,我的团队尝试着把视频发布在 B 站(bilibili)上。没想到点击率上升得很快,大家也很踊跃地留言,就算是没什么话要说,也会很可爱地留下一条"报到"。那时候,视频一上传,我就迫不及待地看大家的回馈。通过阅读大家丰富的留言,和大家进行踊跃的互动,我对 MBTI 这个人格类型理论模型有了更多的感悟,在分析每个人格类型时,也能描绘更完整的画像。

如果当时没有进行那样的互动或获得那样的反馈，我很可能半年后就放弃录制视频，这本书也不会诞生了。因为地理位置以及我不太会用电子设备的关系，我之前没有办法跟 B 站上的朋友进行太多的互动，但是我心中对大家有着深深的谢意。

这本书并非一本以理论为主的书，而是我献给 MBTI 16 个人格类型的情书。我希望，你不管在哪里都可以看到自己是给这个世界的礼物，可以看到自己的价值，活出最舒服的自己。

我也要告诉正在翻阅这本书的你：谢谢你，你带给了我很大的动力！

序　MBTI^①改变了我

　　我在 30 多岁时开了一家蛋糕店。我一向自认是很有想法和主见的人，但那一年不知道为什么做了这件蠢事。并不是说开蛋糕店是件蠢事，而是我从来没有想要开店，也不喜欢进厨房。我爱吃甜点，但也称不上是甜点品鉴家。那为什么要开？因为我的背景。我有很多餐饮界的资源，当时蛋糕品牌"85 度 C"蹿红，"大家"都觉得我可以开蛋糕店、我"应该"开、这件事对我来说"应该"很容易，所以我就去做了。那时我刚搬回台北。我在旧金山多年，又从来没有在台北上过班，因为文化差异，在台北的职场上吃了很多苦。我在那个脆弱又没有方向的时刻，忽然觉得"大家"的建议听起来不错。我在联系好资源、找到店面后，走在去签约的路上时，忽然听到一个声音："不要开！"现在回想起来，我不确定那真的是他人的声音，还是自己的感觉。总之，我当时停下了脚步几秒。但是这个声音太荒谬了，我最终当然没有理会它。

---

　　① MBTI 即迈尔斯 - 布里格斯人格类型指标（Myers-Briggs Type Indicator，MBTI）。——编者注

蛋糕店的失败是我 30~40 岁连续失败中的第一次。在这之后，我在事业上还受挫了好几次。有朋友对我说我运气不好。既然如此，我也没办法改变，只能咬紧牙关撑过去，期待自己的事业有所起色。我第一次接触 MBTI 是 46 岁在美国哥伦比亚大学上组织心理学专业的行政硕士课程的时候，上这个课程好比读心理学专业的高级管理人员工商管理硕士（Executive Master of Business Administration，EMBA），只有正在工作、并在公司担任高管的人才能就读。

我主修的方向是"变革领导力"（Change Leadership），研究内容是如何协助领导者通过心理学理论来分析组织动力及组织中的潜意识，进而推动组织变革或帮助组织在面对大环境改变时提前做好准备。为什么我会回学校读书？因为我当时觉得在事业上遇到了很大的瓶颈。但现在回头看，其实我的整个人生在当时都遇到了瓶颈。课程一开始，教授就说："领导者去哪里，组织就会去哪里（Organizations go where leaders go!）！"

领导者要看到组织的盲点，势必就要先觉察自己的盲点，所以我做了十几种不同的心理学自评。那时的我已经不算年轻，自以为很了解自己，但是有几种自评结果还是让我产生了被敲醒的感觉，其中一种自评结果就出自 MBTI。关于我的性格，MBTI 带给了我一些新的启发。这种指标的维度让我知道我看事情的角度源自认知功能（cognitive functions），而通过了解认知功能的分类，我看到了人与人的不同及冲突的导火索。对我冲击最大的发现是，原来我无法推动组织变革的原因在于我是问题的制造者之一。我在人生中一直碰到类似的事情，不光因为运气不好，我自己也有必要负起应负的责任。我想起上大学时有个朋友对我说："你知道为什么有人觉得命理推算得准吗？因为就算一个人被告知了自己有哪些要改的性格缺陷，他通常都不会改。他宁可相信运气，也不愿意通过改变自己来扭转命运。"

人生中虽然有很多你无法选择的事情，像是自己的父母、手足、成长环境、社会背景等，但是也有很多事情是你可以掌控的。最容易也最难的，就是掌控自己的心态。自从我开始进行自我觉察，我的人生就渐渐发生了转变——我换了工作，和家人的关系变好了。正值青春期的女儿一度不想理我，从我改变后，她常常找我闲聊。虽然我的心情还是时好时坏，有时我还是感到很烦、很累，但是我活得舒服多了，也觉得人生是充满喜悦的。

有了这样的领悟后，我常常想，如果以前有人这样指点我一下就好了：很多看似我无法控制的事情，其实我也是其制造者之一；一个人对亲密的人展现出的最严苛的那一面，通常也是他潜意识里最受不了自己的地方；我应该学会跟自己和解，接受自己、接受他人。这个念头启发了我。我想要把自己的学习经验分享给你，尤其是对人生正感到迷惘、已经"认命"、觉得一切问题都是自己运气不好的你。

这本书的重点不在于阐述关于 MBTI 的理论与研究，我希望你不要执着于"我到底是哪种类型"。**实际上，每个人都有 16 种人**

格类型的特性与潜能。因此，多关注那些你觉得有建设性的建议吧。期待你在这本书的协助下，找到自己的内在力量，开启你的蜕变之旅，好好松口气，做最舒服的自己。

提示：为了让你更直观地了解每种类型的特性，我用了文艺作品人物当作范例。每个人物的性格都是我自己对每种类型的诠释，所以多多少少都带了我个人观点的投射。你当然可以有不同的见解；就像人生没有绝对的对与错，你可以用自己的诠释来定义人生。

目　录

> "
>
> 　　诚然，无论是谁往水面上看，他都会首先看到自己的脸。无论是谁亲自去看，他都会有与自己对峙的危险。镜子不会阿谀奉承，它忠实地显现映照其上的一切；换言之，映照出我们从未向世人展示过的那张脸，因为我们盖之以人格面具（persona），即演员的面具。但是镜子位于面具之后，映照出那张真实的脸[①]。
>
> 　　　　　　　　　　　　　　——卡尔·荣格（Carl Jung）
>
> "

---

　　① 译文引自《原型与集体无意识》（The Archetypes and the Collective Unconscious），国际文化出版公司 2018 年版。——编者注

第 一 章

做最舒服的自己

你是否曾在喝醉或压力大的时候忽然变了一个样？例如，你本来很开朗、外向，黄汤下肚后却忽然开始大哭。或者，你本来在家族和公司里都是最温顺的"乖宝宝"，某天却忽然在家族聚会或公司会议上发飙、大吼大叫。

因为你的这些状态和你通常的人设 ① 差别太大，所以在这些情况出现之后，大家很喜欢帮你找借口，认定"你只是喝醉了""你最近压力太大了"。这些情况被当作偶发事件，而非你这个人真实性格的表现。

但是，如果我说这些不寻常或失控的状态都是真正的你，你相信吗？如果你想做最舒服的自己就要知道这些都是你的一部分——只是你不想承认罢了。

你如果要成长，就要先看到自己的全貌并接受自己被压抑的部分，而非只关注自己想让他人看到的那一面。

为了人设而活的日子

分析心理学的开创者荣格曾说，每个人都会戴上自己的面具（persona），也就是建立自己的人设。你的人设可能源自你的特质，经过他人的夸奖或给你贴的标签而定下来；它也可能是你想迎合他人的需求而强迫自己变成的模样。无论如何，这个面具让你无法全

---

① "人设"全称为"人物设定"，本意指对艺术作品人物的特定方面的设计，在本书中指一个人在生活中展现给他人的样子。——编者注

面发展自己。

以我为例，我妈妈很年轻就组建了家庭，成了全职太太，我猜她离开职场时是有些遗憾的。她可能羡慕那些事业成功的朋友，因为我小时候不止一次听她说过"女人一定要有自己的工作"。由于我天生比较外向、独立，她可能在我身上看到了成功职业女性的特质，所以每当我展现出这种特质，就能得到她和爸爸的赞赏。天生的个性加上后天的强化让我认为自己长大后应该是个事业很成功的"女强人"。

我在初中一年级时就已经对"女强人"有很清楚的定义和想象了：成功、能干、气场强大、职位高（有很大的办公室）、很会赚钱、工作忙碌，而且离婚带着一个小孩（这到底是哪里来的潜意识偏见?!），是个被大家尊敬与需要的人。

我很乐意戴上这个面具，从 20 多岁进入社会就希望他人用"女强人"来形容我。那时我还年轻，没办法一步到位成为"女强人"，但我的一举一动都希望塑造那样的形象。他人越这样说我，我越觉得自己就是这样。也许我曾经有"浪漫""爱玩""懒散"和"有梦幻想法"的一面，但因为不符合我的人设，它们就被我不知不觉地藏起来了。某天我发现自己讨厌粉红色，对可爱的事物和不切实际的话语都很反感。我毫不怀疑自己就是这样的人。

我曾是旧金山广告界最年轻的广告媒体企划主管，却在 30 岁时因为工作签证到期而搬回台北。由于台北的业界生态和旧金山的不同，我如果再投入广告界，就得从头开始——但是我怎么拉得下脸呢？！哎，我已经是主管级别的人了！我曾尝试过两份不同的工作，都很快辞职了，创业"好像"成了我唯一可走的路。我听了身边许多人的分析与建议，他们也觉得对我那时的状况来说，这条路最符合逻辑、最能维持我的人设。老实说，那时的我并不想创业，但是我更不想摘下自己的面具，我想要他人看到30岁就非常成功的我。回到台北后，我做过餐饮顾问，加入过餐饮人才银行①，也开过蛋糕店。然而，没有一份工作能让我实现一直以来默认的目标。

失败的原因当然有很多，除了能力与职位要求不符、对市场不了解，更多的还是我在创业的时候其实没有很坚定的信念，我做的所有事情好像都只是为了符合自己的人设，并非我真正想做的。

奋斗了10年、即将满40岁时，我忽然发现好像再怎么努力，都无法获得自己认为的成功。我认为自己的人生黄金时期好像过去了，我似乎永远都无法重建人设。这时候的我痛苦万分，没有办法接受这也是我。我陷入了前所未有的低潮。

其实现在回想起来，我在30~40岁的那十年，心里都很苦。我一直以为那时的辛苦是因为事业发展不如预期，直到现在，我才了解**那些内心的苦闷源自我无法坦率接受自己、接受人有改变的可能。**

在我陷入低潮的时候，我和很多朋友聊过天，我记得有几个朋友说过，我和其他人的运气在那时都不太好，"之后"就会好了。

---

① "人才银行"概念引自西方。人才银行的业务主要包含储备人才、人才匹配、人才培训、举办人才招聘会，主要目的是为企业提供人才服务。——编者注

关于"之后",有人说是一两年后,有人则说是很久以后。

总之,在和他们聊完的当下,我的心情会好一些,因为如果所有人的运气都不好,那么就不是我的问题;如果是他人故意为难我,那么问题就在于他人。这样一开始能安抚我的情绪,但久而久之我就会产生无力感:难道这一切的一切,都是我解决不了的吗?难道我只能等待吗?

通过 MBTI 看懂自己

在我耐心等待"好运"来临的同时,我也一直在以自己认为对的方式努力。当然,我的努力有时能带来一些收获。在那 10 年间,事业顺利时,我认为自己已经走出了低潮;然而,事业不顺时,我会再度陷入负面情绪的旋涡中。我想到自己的年纪越来越大,距离心中的理想模样却还是有好大的差距,好像永远都成为不了那样的人;我也会想到自己投入了很多努力却没有回报,或有很多人都做得比我好。我怀疑自己的人生是否只能这样了?自己现在做的事情真的有价值吗?我是不是要接受自己没办法充分发挥潜力?

我就在这样的反反复复之中过完了 30~40 岁。之后,我因为家庭的缘故进入了教育界。也许因为我发现学历在教育界很重要,而我受不了他人因为我学历没他们高而不认可我的建议的价值,抑或因为我潜意识里想要做一些改变,我萌生了回学校进修的想法。我选择攻读组织心理学硕士,我不只希望这个学历可以增加我在职场上的分量，也想通过学习组织心理学来看看如何让其他人听我的话、照我说的做！

然而，教授一开始上课就和我们说："**领导者去哪里，组织就会去哪里！**"领导者要想看到组织的盲点，势必就要先看清自己的特质与被压抑的一面，而 MBTI 就是教授提供给我们了解自己的其中一种工具。通过了解 MBTI，我顿悟了——原来，我的认知不能代表所有人的认知，对"什么想法和方式才是对的"，每个人的答案也不尽相同；此外，我也是我遇到的几乎所有问题的制造者之一。例如，我常常觉得自己怀才不遇，容易和上司或同事起冲突，原来是因为我一直以来引以为傲的特质——"坚持""有恒心""有毅力"在有些情境下不恰当地表现了出来，导致它们变成了他人眼中的"自以为是""一意孤行"；我有时因为注重"效率"而没有"浪费时间"倾听他人的或分享自己的想法，导致他人觉得我"任性""不尊重人"或"根本听不进建议"。在家庭中，我和小孩的关系也越来越紧张，他们表现不佳常常让我生气；但我没有意识到自己对他们的行为感到最愤怒的时候，通常也是对自己最失望的时候。

我通过 MBTI 了解到，**原来每个人印象中的优点和缺点，其实都只是一些特质，而每个人对这些特质的诠释都不同。**我也意识到，当我没有办法接受自己时，我也很难接受其他人。

在硕士学位课程结束后，我继续研究 MBTI，还考取了包含它在内的三种心理学专业自评工具的施测师证照。我最初的动机是为了更全面地剖析自己，到后来，我也开始运用 MBTI 协助他人看懂他们自己。

完整，不用完美

因为 MBTI，我领悟到人要活出最舒服的自己，必须经过三个阶段。

第一阶段是了解自己的特质，也就是自己的天赋。这是你与生俱来的倾向、比他人更容易上手的领域，也最可能是你自信心的来源。就像我和很多人相比，我更喜欢也更擅长设定目标和拟定执行计划。因此，这些慢慢成为我在社会中的人设或他人给我贴的标签。

很多人会再接再厉，提升强项，希望自己可以更完美。对我来说，虽然我可以继续加强执行力，但是我永远不可能在执行过程中完全不出错或成为全世界执行力最强的人。你可能发现了，如果只运用自己擅长的特质，成长就会遇到瓶颈。以荣格的说法，你如果"不完整"，又怎么会变得完美呢？

所以，**第二阶段重在了解自己的盲点，也就是自己不擅长或不愿意接受的那些部分，以及自己的特质可能获得的负面诠释。**如果你现在有很高的社会地位，你可能想："我发展得这么好，为什么需要做这种事？"但是你想一下，你满不满意和家人、朋友、同事的关系？你如果不面对自己的盲点，就可能一直把它投射在他人身上，不断演绎一套情节重复的剧本。这个概念不容易理解，就拿我来做例子吧。我之前的人设是女强人，在那时，我讨厌谈论感受，因为感受包含了难过与伤心，表现那些情绪对我来说意味着情绪化与脆弱，而且我觉得与其坐着谈论感受，还不如多做些有建设性的事情——但前面说过了，其实我有 10 年左右都觉得自己很伤心、很无助。我那时不承认也不容许自己展现那一面，看到他人显露难过或伤心也无法忍受。我觉得那个人与其流泪，还不如抓紧时间想办法站起来。结果，我常常觉得身边的人都很脆弱、情绪化。我如果没有办法接受自己的这一面，就会带着对自己的批判性眼光来看待他人。

前面也提过，你自以为的优点，其实可能是他人眼中的缺点。你的灵活机智，在他人眼中可能是不踏实、小聪明；你的择善固执，可能是他人眼中的不合群。所以了解自己在特质上可能存在的盲点、看到自己被压抑的部分，你才会明白为什么你会破坏一些关系中的动力、老是吸引某些特质的人、陷入相似的状况，你也才会知道有哪些地方需要注意。

第三阶段则是荣格说的个体化过程（individuation），即整合特质和盲点，也就是所谓的"阴阳调和"。只有这样，你才能越来越完整、展现出越来越丰富的个人特质。例如，ENTJ 倾向的我在视频网站上倡导将心理学应用在生活中，我可以运用自身特长，把重点条目呈现出来，但是这么做肯定会碰壁，因为只有知识的视频内容无法让观众产生共鸣。如果我想让更多人理解、产生更大的影响力，那么我必须理解自己的内在情感，进而对其他人的感受产生同理心，才能达成目标。如果你只专注于发展强项，想要在强项上登峰造极，那么你可能在某个领域很成功，也有很大的成就感（业务能力很强、人缘很好等），但你不完整的那一面会让你心里有个"缺口"，也许会影响你的人际关系，也许会影响你的情绪；最重要的是，它会阻碍你的成长，让你总是不能摘下面具做最舒服的自己。

摘下面具，才能重生

荣格曾说："想要彻悟，你就不能仅仅想象光明的样貌，而必须让意识看到幽暗的那一面。"他还说过："想要觉醒，势必要先经历痛苦。"也就是说，摘下面具的过程通常使人很不舒服，原因在于：第一，你可能发现你竟然有自己一直讨厌的特质，而这件事情不仅很难令你接受，甚至还令你感到生气；第二，你很难停止对这种特质的批判；第三，你可能发现自己是很多人生挑战的制造者之一，你无法将生活中的不顺利怪罪于外在因素或运气。所以，许多人一辈子都不愿意看自己被压抑的那一面，也不愿意跟它和解。

以我为例，最符合我的 MBTI 类型是 ENTJ。这种类型的人擅长运用逻辑进行创新，做事会以目标为导向，但弱点是不太看重自己的情绪与价值观。我在 40 岁以前一直觉得人"应该"就事论事，做事情"不应该"被情绪影响。我常常不太清楚自己的情绪是怎样的，只知道有时心情会莫名地不好、会发脾气，但那究竟是焦虑、生气、失望、难过，还是内疚呢？我很多时候并不清楚，甚至有时根本没觉察到自己的情绪。

有一次和好朋友一起出游，这明明是我们放松的好时机，我们吃饭、逛街购物，做了很久没机会做的事情，但是到了第三天，好友们告诉我："你好焦虑，让我们在你旁边都无法放松。"她们如果不说，我都完全察觉不到。我以为自己是很冷静、没有情绪的人，其实，我只是感受不到自己的情绪。对情绪很敏感的人可能觉得不可思议，但这真的是我碰到的状况。近年来的我从不愿意感受情绪、无法跟自己的情绪联结，到承认自己有脆弱的那一面、了解自己必须好好发展盲点，已经走了好长一段路。尽管如此，对我来说，找到自己的信念、存在的意义和理解自身情绪的含义，到现在仍是挑战。现在的我已经能感受自己的情绪，但还是常常要花许多时间理解它背后的意义。例如，我曾经接了一份我觉得非常有意义、我"应该"要做的工作。但在工作的过程中，我一直有一种不舒服、陌生的感觉。开始学习与情绪联结的我尝试理解自己的感受到底是怎样的。是我不喜欢这份工作吗？但我怎么会不喜欢呢？这是我梦寐以求的工作！也许只是因为目前碰到瓶颈了？但什么工作不会碰到瓶颈呢？看到瓶颈、接受瓶颈就好了！还是因为我最近太累了？是不是休几天假就好了？我每天都在思索这种情绪的含义，以及身体与潜意识究竟想要告诉我什么，有时候真的很烦也很气，为什么自己老是搞不懂，忍不住想："不然就照老方法，设定了目标后就往前冲？管它（这种情绪）有什么含义，不想就好了，不然实在是太没效率了！"但是我知道，**如果这个功课不做完，之后的人生里可能重复出现同样的问题、同样的伤痛，我会像陷入旋涡中那样，永远出不来。**

这样的日子过了约 2 个月（我 F 倾向的朋友们都觉得实际上更久），其间我通过冥想和使用做施测师时用的一些心理学工具，耐心地面对自己。终于有一天，我懂这种情绪了！原来，虽然我认同当时所就职的组织的愿景，但是对组织发展的方向有与其他人不同的想法，我出于理智又不愿意放弃这份工作，也害怕一旦放手，事业发展就无法达到我的预期，影响人设。因此，我非常不舒服。不过，我看清楚也正向面对了这个问题后，忽然感到身体变轻了，晚上也睡得着了。

我想这就是戴上面具和摘下面具的差别。这就是逼自己做"最好的自己"与让自己做"最舒服的自己"的差别。

第 二 章

让 MBTI 帮助你，而非定义你

"

我们试着去了解，为什么某部分的自己和所有人一样，某部分的自己只和某些人相同，而某部分的自己却又独一无二。

——人格心理学家　布莱恩·利特尔（Brian Little）

最令人惧怕的事情，就是完整地接纳自己。

——卡尔·荣格

"

希望你现在了解了为什么自我觉察非常重要。你可以先从不同角度开始自我觉察，例如从行为模式角度开始观察自己为什么老是拖延，或从人际关系角度思考自己为什么老是被他人陷害。当然，还有很多其他的自我觉察方式，例如写日记、询问他人的反馈。不过，写日记常常难以让你跳出你的自我认知，他人的反馈也可能带着他们的价值观和投射。

虽然市面上有很多不错的性格自评工具可以让你更了解自己，但是我最常用来帮助人的还是 MBTI。MBTI 的自评问卷由卡特琳·C. 布里格斯（Katharine C. Briggs）和她的女儿伊莎贝尔·B. 迈尔斯（Isabel B. Myers）运用荣格的理论设计而成。测试者能通过 MBTI 了解荣格理论所探讨的认知功能，并将其运用在生活中。荣格推断人的差异是出于两种不同的心智活动：一种是"认知"，就是如何接收信息；另一种是"判断"，就是如何做决定。这些再加上人们的"态度"（也就是如何面对外界）与"做事方式"，便形成了四种不同的衡量维度。每个维度都像一个光谱，荣格相信每个人虽然都会运用不同的认知、判断、态度和做事方式面对生活，但是会自然偏重其中几种，就像每个人都会使用两只手，但还是有偏好的惯用手一样。

MBTI 运用四组二分法的方式来评估一个人的倾向，划分出 16 个基础人格类型。通过学习不同人格类型的特点，你能更了解人与人之间的差异；但要注意的是，人格并不能用 4 个字母简单概括，MBTI 更体现了 4 个字母之间的相互影响和不同组合会产生的动力。

不过，因为初学者通过 4 个字母就可以了解荣格提出的人格类型的基础知识，所以 MBTI 是我觉得最容易上手的人格类型自评工具。

在开始了解 MBTI 前，你必须知道的事

MBTI 施测师在解说自评结果时，都会说"××××是最符合你的类型（best fit type）"或"你有××××倾向（preference）"，而不会说"你是×××× 类型"，因为 MBTI 的 4 个维度都像光谱一样，没有人绝对是哪一种类型。也就是说，即使你的分数偏向一侧，你也拥有另一侧的特质；就算是同一类型的人，偏向的程度也不会完全一样。虽然我理解每个 MBTI 施测师都可能对这个工具有自己的诠释，但我不太赞同有人用这个工具来协助他人选择主修专业、找工作或做人事调度，我也希望通过这本书更清楚地解释我的想法。我向你分享与 MBTI 有关的知识并非要你给自己贴标签，要你认定"我是这种类型，所以我在这方面的能力很强，我得跟什么样的人交往才互补，我应该做什么样的工作……"；反之，我希望你撕掉标签。对我来说，MBTI 是个探索自我的工具，它让我理解，为什么我会做出一些自己都无法解释的行为，陷入一些自己都无法解释的状况；它也让我意识到，原来世界上的人有这么多不同的想法，而每种想法各有适用和不适用的地方。每个人都具备这些思考方式，差别只在于是否擅长使用。你如果多学习不同类型的思考方式，渐渐就能根据不同的状况选用最合

适的认知功能。此外，学习 MBTI 也让我意识到，我不需要知道他人的人格类型才能跟他人沟通，我只要知道"世界上有很多不同的人格类型；我不一定是对的，我可以多倾听、多了解再下定论"就好了。

另外，请你一定要注意，当 MBTI 施测师说你"比较擅长"某个认知功能时，"比较"指你和自己比较，而非你和他人比较。例如，相比于情感沟通，你可能更擅长逻辑分析。但这并不代表你的逻辑分析能力一定很强，你依然需要靠后天的开发与练习来提升这项能力。所以，请千万不要看到网络文章写了最符合你的类型适合做老板，就觉得自己一定能当老板哟！

记得金庸小说《倚天屠龙记》中张三丰教张无忌武功的情节吗？张三丰使出招数后，问张无忌是否记住了，张无忌说还没忘光，于是张三丰认为他还没练成。一直等到张无忌全部忘光时，张三丰才说："好了，你练成了！"

这就是我希望你看完这本书可以做到的。MBTI 可以让你看到自己最擅长的思考方式、做事方式、最需要加强的能力，以及不愿意面对的那一面，还有你在压力大时可能遇到的状况；它也可以让你知道所属组织的成员性格、每个人给予爱和接受爱的方式等。例如，我有 ENTJ 倾向，我先生有 INTP 倾向，我们高中毕业时就在一起了。当时的我们非常不成熟。对 TJ 倾向的我来说，为爱的人服务就是我爱人的方式。因为他住在亚洲人少的城市，所以我会带着他喜欢的中式料理坐飞机过去找他。那时候我还是学生，要在纽约换乘公交车、地铁好多次才能到机场，但是做这些事我甘之如饴。相对地，TP 倾向的他对我刚到美国后想要尝试的事情都抱着开放的心态。不约束我、给我实际的反馈是他爱我的方式。后来，我们的问题出在约定的执行上。如果我们约好几点打电话（对，那时候我们没有手机，要坐在宿舍打固定电话！），而我临时爽约，只要理由正当（为了学习、排队使用计算机或因为室友在用电话），他都能接受——不过对我来说，临时爽约很少发生，因为只要约好，我一定排除万难准时坐在电话前。但他不是，因为他要写程序，常常一写就忘记打电话的时间。我们因此吵得不可开交，所以曾经选择了分手。

现在我们都了解对方的底线。除非是重要事件，否则我不会约束他的时间，也不会辛苦自己做一些我认为他需要的事情，再觉得自己是在为爱牺牲。他现在也知道了，如果我需要他帮忙做事情，他不需要跟我说怎么做会更好，只要协助我在既定的时间内完成就行。我们经过了约 30 年的磨合才能互相理解，MBTI 只是让我更了解他为什么会这样，但是没有 MBTI，30 年的时间也足以让我们找到一个更合适的相处模式。

请记住，每个人在不同人的面前会有不同的表现，不同类型的人搭配起来或在不同的情境之下，行为表现也会不一样。例如，我和我先生在一起时，可能做事情只关注几个重要期限，不会太执着于特定的做法。但是我如果和许多 TJ 倾向的人在一起，就可能把时间分得很细，或详尽说明我的做法。

所以我再次强调，MBTI 是个了解人性的入门工具，等你都懂了，我希望你忘了这些分类，做最舒服的自己，也让他人卸下盔甲，用他最舒服的一面跟你相处。就算他人因为过往经验坚决不卸下盔甲，你也会因为理解他而不容易被惹怒或受伤。如果大家都能这么做，"多元共融"也许就不再只是个口号了。

请你在使用 MBTI 之前务必记住以下几点。

你的存在是送给世界的礼物

在我的频道中，观众留言问我、跟我辩论最多的问题，大概就是这个了："我这么废，怎么可能是送给世界的礼物？"但请你想想，世界这么大，两个人能相遇、在一起，你的妈妈还可以怀孕生下你（据我所知，怀孕没有想象中那么容易，也有不少人因为不能怀孕而苦恼），这个概率有多高？你如果数学好，可以算一下。所以，光是你的存在就已经是一个奇迹了。

身体结构无比复杂，而你不需要思考就可以让身体呼吸；你的生命力如此顽强，所以我相信你是送给世界的礼物。

既然你是礼物，那么请想一下你带给这个世界的贡献是什么？

这个世界需要各种不同类型的人。它不需要所有人都很实际，不然生活会缺乏变化，也不会出现创新；它也不需要每个人都是领导者，否则团队里的每个人都想要担责任做决定，没有人愿意服从和执行，这个团队就无法运作。这就是"天生我材必有用"的道理。

不要让他人否定你特质的价值。这个世界需要你，你如果还没看到自己的价值，也许是因为没有找到合适的舞台。所以在自评时，请抛下你已经吸收的社会教给你的价值观，坦诚面对自己。唯有找到自己，你才能发挥潜能，进入"心流"①状态，做出贡献，也才能真的认可自己的价值！

你不是非黑即白的

你做正式自评时在每个维度的分数只代表你有这样的"倾向"，并不意味着你就是这样的人。MBTI 的好处是概念易懂，但这也是容易被大家误解的地方。就拿"外倾"与"内倾"来说好了，我最常听到的问题是："有些人有时很喜欢跟人互动，有时又想独处，你怎么能断定他们是外向的或内向的？"

第一，MBTI 对"外倾"与"内倾"的定义和你想的"外向"与"内向"有些不同。第二，每个人的倾向都有一定程度的差异；倾向就像光谱，不是非黑即白的。当然，你可以通过 MBTI 官方的第二步自评更详细地了解自己每个维度的倾向（例如，我的一个朋友在"外倾 / 内倾"维度上的整体分数倾向于内倾，但是他在更细的五个子维度中，"主动提出 / 被动接受"的分数则非常倾向于外倾指标中的"主动提出"）。但是，你往往不需要看得这么细就可以初步了解自己了。第三，每个人其实都有不同的认知功能，只是

---

① "心流"指人在专注进行某行为时所表现的一种心理状态。——编者注

在倾向于用哪几种上不同而已。就像每个人都有自己习惯的毛衣穿法，有的人习惯先穿袖子、有的人习惯先套头，但是每个人都可以因为衣服的设计不同而改变穿法。因此，你要想象每个人心中都有 16 个房间，分别代表 16 种人格类型；最符合你的人格类型只是你最喜欢的那个房间，但不代表你永远只能待在那里。第四，除了最符合你的人格类型之外，其他类型一定也有和你相似的地方。例如，INFP 的某些部分会和 ENFP 雷同，某些部分则和 ISFP 或 INFJ 相似。所以，你如果觉得每种类型都和自己有点儿像那也很正常，因为你和每个人都会有些共通点啊！

人格类型没有好坏优劣之分

我在举办 MBTI 工作坊时总会询问大家有什么期待与担忧，几乎每一次都至少有一个人提到"我怕自评结果显示我是个恶魔／变态／笨蛋……"。大家担心真实的自己会赤裸裸地被他人看到、会受到批判，或担心自己心里最黑暗的那一面被看到。

我想强调的是，每个人格类型都有被社会需要的地方，每种类型也都有发展好的版本和发展不好的版本。因此，你的人生不可能因为有人知道你的 MBTI 结果就被看透；再者，也没有哪种类型比其他类型更强或更好。

市面上有些以 MBTI 为名的网站会用一个名称来指代某种类型，我理解这是为了让大家更容易记住各类型的核心特征，但是我觉得这些标签有点儿危险，因为它们本身带着一些来自社会的价值观。

所以，千万不要因为这些标签而自卑难过或沾沾自喜。

相同的行为不等于相同的类型

不同类型的人都可能是完美主义者，但他们的出发点不见得一样。有的人担心辜负他人的期待，有的人不喜欢事情不在掌控之内；相反地，同类型的人也可能呈现完全不同的表象。

千万不要只看一个人几眼就说："你一点儿都不像这个型的人。"他的行为可能是性格所致，也可能是他跟他人的互动所致，也可能是他在巨大压力下表现出来的状态。因为你不是他，所以你永远无法确认他那么做的真正原因。每个人是什么样的人只有自己最清楚，所以与其去认定他人的类型，不如先确认自己的，这样就足够了！

接受自己不等于为所欲为

"接受自己"和"为所欲为"的界线其实非常难说清楚，这也是我最常碰到的问题。我帮助一些组织处理因为潜意识偏见而出现的攻击时，攻击者常对我说："我就是这种人，我难道不能做自己吗？"他好像觉得自己本来就是这样，其他人就应该接受他的行为。

我用一个假想的情境说明好了：我的小孩正值青春期，如果我在他的朋友面前大谈我有多喜欢某个流行的偶像团体，并开始跳他们的舞，虽然我不觉得尴尬，觉得这是自我接纳，但这样的行为肯定会对小孩造成很大的困扰，也许还会影响他在学校里的社交活动。当然，我可以在他们面前"做自己"，但我的小孩恐怕以后再也不愿意带朋友来跟我见面了。因此，"接受自己"和"为所欲为"的界线在于人与人之间的界线，而这是需要你自己把握的。

在前面假想的情境中，我可以接受自己追星的那一面，一点儿都不需要为这件事感到羞愧，但是我也不能不管他人的想法，每一分、每一秒都展现我的每一面给大家看。如果我没有跟小孩的朋友聊追星，而他们在我没有影响到其他人的状况下对我说："你这个年纪还追星，真丢脸，你再这样下去（在家自己追星），我们就不跟你说话了。"那他们就是在用自己的价值观将我锁住，不让我做自己。因此，在"做自己"和"为所欲为"之间，你要找到自己的界线。

避免自证预言

虽然说这种话很不好意思，但我真的是"科技白痴"，我手机上有 50% 的功能我都不会用。举例来说，大家这几年都已经很了解如何声控手机了，但我过了很久才发现我无法声控手机是因为我手机的语言设定是中文，而我每次都对它说的是英语。每当说起这件事，全家人（从我先生到才 10 岁的儿子）都觉得不可思议！

因为没有学会怎么声控这部手机，所以我觉得它不好用，但其实是我自己没有好好研究使用说明书。

知道自己的特质并不是让你用它们来合理化自己的行为，而是让你打开自己的使用说明书，好好了解"你"这个"产品"如何使用。请避免抱有类似以下的想法。

"因为我是 ×××× 型，雪力说这种类型的人不容易被社会接受，所以我才会每份工作都做不久……"

"因为我是 ×××× 型，事业心比较强，网络文章说这种类型的人不擅长经营亲密关系，所以我每段感情都不长久……"

你要知道什么时候可以用什么认知功能，什么时候乱用认知功能会出现"故障"，又有什么地方你需要特别注意、需要"升级"。不然你可能像我一样，一直以为自己手机的声控功能坏了，但其实只是自己没有设定好而已。

还有一点也请你记住：**请用 MBTI 剖析现状，而非预测未来；未来是你自己创造的！**

雪力的 MBTI 悖论

要推广这本书，最好的方式就是让大家做 MBTI 官方自评，先了解自己的性格，这样也更容易继续看下去。这也是我的希望，那为什么这本书没有 MBTI 自评问卷呢？

我其实不太喜欢跟大家提可以去哪里做自评。虽然市面上有很多种免费的自评工具，有些还有点儿准，但有些真的很不可靠。你如果要做一个经过大数据确认的具有信度（reliability）与效度（validity）的 MBTI 自评，据我所知，就必须通过认证 MBTI 专业施测师的迈尔斯－布里格斯（Myers-Briggs）公司。

　　这家公司的制度是：经过系统训练的人才能成为讲师，而自评只能在讲师的管理下进行。这是因为这个自评必须在正确的心态下做才会准确并真正帮助到测试者。如果没有施测师的引导，那么测试者不只容易做错，更可能误导自己和他人。因此，正式的自评需要前置说明，自评结果也必须由施测师解说，准确度才高，测试者也才可以充分运用这份报告了解自己，并将相关的理论和方法应用在生活中。问题是，这个专业自评并不便宜。我曾向这家公司反映："市面上有这么多免费的自评工具，你们能不能提供价位比较亲民的简化版自评问卷？"但答案是否定的。

　　一份历经多次改版与多人辛苦钻研、改良的自评工具，有信度与效度的支持，还必须有施测师在旁指导才能进行自评，这样的工具怎么可能说简化就简化得了？看到很多人对 MBTI 抱有误解后，我更能理解公司的考虑了。但是这就形成了雪力的 MBTI 悖论：我希望推广 MBTI，曾经也提过要做准确的自评，最好通过官方渠道，之前观众问我能否提供官方渠道时，我说我就可以提供这样的服务，但我拍视频的初衷，并非推广我提供的 MBTI 服务。

　　那我为什么要推广 MBTI？因为我认为它的基本概念简单易懂，所以也能最快带来帮助。我开设视频频道是希望帮助人，把我在最低潮时学到的人生道理分享给你，而 MBTI 只是其中一个工具，我并不是为了赚你找我做自评的钱才做这件事（请不要误解，我不是不爱赚钱，但在推广 MBTI 这件事情上，赚钱并不是我的目的）。

然而，正因为 MBTI 乍看简单易懂，加上市面上有太多免费、没有信度与效度的问卷版本，它受到了越来越多误解。有人误以为这个自评工具是一个不科学的游戏，而几乎我的每个视频下面都有些"心理学家都不认可 MBTI""凭什么四个字母就能定义我是谁"的留言。

现在我出书又碰到了同样的问题。如果不花钱，大家又怎么准确知道哪种类型最符合自己？虽然我在书中提供了一些基本的方向作为引导，但我还是要再提醒你，如果想要获得精准的结果，请务必通过官方的渠道或专业施测师。

再次强调，我期待自己能帮助你自我觉察，找到内在的力量，活出最舒服的自己，尤其是帮助现在在人生低潮或被"卡住"的人走出来。所以，我对无法向你提供既准确又免费的自评工具感到很抱歉，但是我希望给你的礼物是比自评工具更有价值——通过阅读这本书，希望你能体会到为什么你是送给世界的礼物。

这些迷思，你也相信了吗？

你可以在网络上看到 MBTI 有些争议，其中大部分是出于人们不了解它，另外也有针对信度与效度的质疑。因为这不是本书的主题，所以我只对此略作说明。

首先，荣格认可这种工具吗？布里格斯母女俩曾写信跟荣格分享她们的研究，荣格也很友善地回复了。不过，目前对那封信是荣格写的还是他秘书代写的，仍有些争议。

其次，MBTI 是不是伪科学？ MBTI 的官方网站有提供这方面的研究报告与数据，欢迎你查询。

不少人认为 MBTI 是伪科学工具，常常是出于对它的误解，例如："它划分认知功能只用了二分法，人怎么可能这样分？""怎么可能只有 16 种人格类型？"其实对我来说，研究 MBTI 的目的并不是研究它是否具有信度与效度。身为一个顾问 / 施测师，对我更重要的是这个工具能否协助组织的沟通？能否协助个人成长？以我的经验来说，答案都是肯定的。

迷思 1：人怎么可能这么简单？

没错！人不可能只有 16 种或像星座那样有 12 种，但人还是有很多共同点。就像花朵的种子，即使是同一个品种，每粒种子还是可能因为种植的土壤、气候、照顾方式不同，而长出开花时机不同、有不同色泽和大小的花朵。所以就算某两个人都是同一个人格类型，他们也可能因为环境、教养、天资、领悟力和努力的不同而产生差异：一个通过整合自己的特质成为传奇人物；一个则因为自暴自弃而一事无成。

迷思 2：我的人格类型会任意改变？

如果你是向日葵，你可以成为鲜艳、茁壮的向日葵。你可能靠着努力，成为四季都可以开花或绽放很久的向日葵；但是你不会成为玫瑰，你也不应该想着如何将自己活成一朵玫瑰。

每一种类型的人都有自己倾向于使用的思考模式，也有因为不常使用而不太擅长的思考模式。就拿我来说吧，我真的不太擅长面对感情，我做任何事情都会先想到这件事情符不符合逻辑、在社会中的价值是什么。

我知道很多时候我的不快乐来自不知道心里的感受是怎样的，虽然经过了多年练习，现在我懂得提醒自己，自问做某一件事情的感受，也开始注意他人的情绪，但这不是我的本能，而是我有意识训练出来的。我的这个功能也许会越来越厉害，但还是可能比不过天生就倾向于使用这种思考模式的人。不过，如果要不带情感地分析问题，或要整合资源，我就能发挥自己的强项，做这些事情也能让我更好地进入心流状态。

我女儿的偶像有一次在直播中说想要成为 INTP 类型的人，但是不管怎么自评都还是 ISFP，所以就接受了自己的人格类型是 ISFP 这件事情。我在自己的视频频道上常常看到类似的留言，尤其是很多人都说想要成为社会主流价值观比较认同的 ESTJ。你当然可以在行为上不一致，可以戴上不同的面具，让他人误解你是某一类型的人，但那不会是最舒服的自己。改当另一种类型的人，就像要人一直穿着塑身裤一样，穿久了会肚子痛，皮肤上也都是勒痕。偶尔为了出席活动穿塑身裤还可以，但是长久穿着应该会生病吧。

迷思 3：凭什么用四个字母来判定我的能力？

没错！凭什么！！！ MBTI 评估的是你的认知功能，并不是评估你的能力。即使是同样的人格类型，有的人可能智商 90，有的人可能智商 145；有的人可能相当努力还累积了丰富的经验，有的人则在早期遇到挫折而荒废多年。所以官方网站上特别强调，MBTI 绝对不适合拿来选材！只不过有些公司可能没有按照这个工具原本的用途正确使用它，所以才导致你对这个工具产生了误解。进行 MBTI 自评时，要特别注意以下几点。

1. 需要专业施测师的监督： 如果没有正确的心态和对理论的基本了解，做出来的结果就可能不准。

2. 不适合在经历过重大事故后的短时间内自评： 人刚经历了重大事故，例如生离死别、搬家、换工作、结婚、离婚，就可能受到冲击。这时候的自评结果很可能无法体现本性。

3. 最好 16 岁以后再做： 小孩子的认知功能还在发展中，所以我建议在他们定型前先不要让他们做自评。我担心父母在网络上看到不专业的解说后会产生巴纳姆效应（Barnum effect，指人会选择性相信自己认同的事情），认定"这个说的就是我的小孩"而给小孩贴标签，造成自证预言，像是："你看我当初就说他学习能力不强，现在他真的考不好了吧！"

第 三 章

MBTI 的四个维度——一切从这里开始

"

　　你即将进入 MBTI 的世界，探索时，请不要想象自己正扮演着什么角色或在什么社会情境之中。请记得，你在不同场合的行为会因为要符合社会的要求而改变，但那不见得是最真实的你。所以，请想象自己在一座没有人的山上，只想以最舒服的状态生活，而无论如何你都被这个世界接受与关爱。

　　那时的你，会是什么样子？

"

从哪里获得能量？

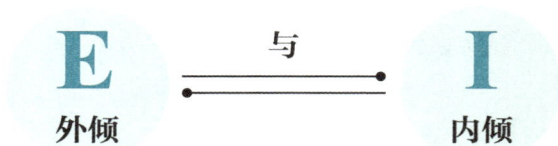

Extraversion

专注于外在，
倾向于从外界获得能量

Introversion

专注于内在，
倾向于从内在世界获得能量

态度 观察你关注的点在哪里？从哪里可以获得能量？

每个人都同时活在两个世界里：一个是与外在互动的世界，也就是所谓的"社会"；另一个是内在世界，也就是人常常进行内心独白的地方。

你的专注力倾向于外在还是内在？哪个时候更能让你获得能量？是跟外界互动的时候，还是独处、专心待在内在世界的时候呢？

请注意，MBTI 的"外倾"（E）与"内倾"（I）的含义和人们通常认为的"外向"与"内向"不太一样。一般认为，外向的人不"怕生"，天生很会跟人互动、能言善道等；而内向的人话比较少，看到人会害羞、不太会说话。

然而，**MBTI 的外倾和内倾讲的是人的态度、关注的点，以及人获得能量的来源**。E 倾向的人更专注于外界可能是因为他们更在意外界，所以他们从小更愿意跟人互动，长久的练习也让他们长大后看似在这方面更为擅长；相对地，I 倾向的人更专注于内在世界，有时就算待在人很多的环境里，他们也能像自带小包厢一样待在自己的小天地里。但可能因为不常练习跟外界互动，所以他们在这方面变得不太擅长。然而，说 E 倾向的人社交能力一定更强、I 倾向的人一定不擅长与人互动，就流于刻板印象了。

E 也会想独处，I 也会爱说话

虽然 E 倾向的人在对话中可以边讲边想，可能看起来反应更快，而 I 倾向的人则比较希望听完他人的想法、想完自己要讲的内容再正式发言，但是你千万不要以为 I 倾向的人都不爱说话。我常常看到 I 倾向的人话匣子一打开就说个不停，就算你使眼色暗示他停止，他还是一直说。这可能是因为内在世界中的他觉得现在是沟通的时候，也可能是因为他专注于内在世界，没有看到他人已经听不下去了。

同样地，你不要觉得 E 倾向的人每天都想往外跑。他们常常因为太在意社会的眼光和期待、在外面一直戴着面具而有些疲惫，这时他们比任何人都更想要独处、摘下面具。

就以我来说吧，我有点儿"人来疯"，跟外界互动时精力会忽然变得更充沛，因此，不管是我的主观评价还是 MBTI 自评结果，我都属于 E 倾向的人。

在社会中，我常常扮演"妈妈""创业者"这两个最明显的角色，这可能使得你期待我的行为举止符合这两个角色的人设。但实际上我也很喜欢独处，也需要有一个人的时间来"充电"。我接纳了全部的自己之后，就能接受自己暂时卸下"妈妈""创业者"的身份，单纯当个爱追星的女孩了。

你呢？你觉得自己更专注于外在还是内在呢？

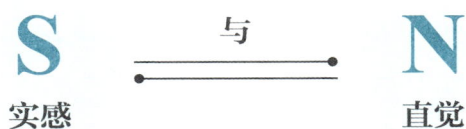

如何获取信息？

S   与   N

实感   直觉

Sensing

仰赖感官获取信息：
关注细节

i**N**tuition

仰赖推理和直觉获取信息：
关注大局

你通过哪种方式获取信息？

哪种信息更能让你理解、信任？

S 指实感，S 倾向的人比较喜欢通过感官来获取信息。他们喜欢看得到、摸得到、听得到、闻得到、尝得到的事物。因此，他们比较相信感官捕捉到的信息。他们处理事情时比较关注细节，也比较信赖亲身经历获得的经验。S 倾向的人通常就是社会中所谓的"实际"的人，他们不太理解"摸不着边际"的事情。

N 指直觉，N 倾向的人比较喜欢观察大局和趋势。他们一点一滴地吸收外界的各种线索，再把这些线索拼合在一起，变成一个他们能理解的图像。不过，这个图像只存在于他们的脑海中，也许自己看得非常清楚，他人却看不到。因为这种特质，他们也更能接受没有实际证据的理论，只要论述解释得够清楚。N 倾向的人通常就是大家口中的"梦想家"，因为他们可以接受各种未来的可能性。

大家一般认为"直觉"指第六感（gut feeling），好像和人的体质有关，但其实这种"第六感"可以被诠释为潜意识所吸收的信息。要知道，大脑每秒可以接收约 1 100 万比特的信息，但意识每秒只能接收 40~50 比特的信息，剩下的信息则会进入潜意识。从这个角度来看，S 倾向的人比较信赖进入意识的那些信息，而 N 倾向的人比较信赖用潜意识信息拼凑出来的图像。

以我开蛋糕店的经历为例，"大家说我适合开、应该开""85度 C 蹿红"等是我意识接收到的信息；而我在签约路上听到"不要开"的声音，就可能是潜意识根据我的个性、感受等，化成"直觉"传达给我的信息。我如果有 S 倾向，就更可能采纳前者；我如果有 N 倾向，则更可能采纳后者。那我明明有 N 倾向，为什么没有听从"直觉"的声音呢？因为经过了社会化之后，我当时觉得不开蛋糕店很不理智。

S 关注小细节，N 重视大图像

S 倾向与 N 倾向的主要区别在哪里？举例来说，当你请 S 倾向的人描述一间房子，他可能告诉你这间房子有几室几厅、地点在哪里、房间如何摆设等；N 倾向的人则可能多说一些这间房子有什么潜力、房价日后的涨跌等。

我在当组织顾问时，会和同事开玩笑说，重要会议可能需要请一个 S 倾向和一个 N 倾向的人来做记录，因为 S 倾向的人做记录可能比较像写逐字稿，谁说了什么都可以记下来，而 N 倾向的人则不太会记录细节，更会记下结论。这个玩笑可能夸张了些，但可以显示出这两种倾向的区别。

在记住一件事情时，S 倾向的人可能记住的是更正确的细节，但比较容易忘记这件事的缘由、重点和结论；而 N 倾向的人虽然能记住结论，但那有可能是他个人从这件事情中获得的感悟，如果他的历练不够，那么这个结论可能就是错误诠释的产物。

请想想看，你比较接近哪种倾向呢？

如何做决定？

Thinking

退后一步，
用逻辑理性思考

Feeling

投入其中，
体会情绪与感受

决策 **你如何做决定？你内心认为"对"的标准是什么？**

T 指思考，T 倾向的人比较擅长使用逻辑做决定，他们通常也觉得这样做才对。他们倾向于让自己跳出情境再做出"合理"的决定，也更不会考虑这个决定可能带给自己或他人怎样的感受。他们可能认为，如果每个人都感情用事，做自己想做的，世界上哪里才存在公平、公正？

F 指情感，F 倾向的人比较习惯基于情感、同理心做决定。他们更了解自己的感受，也比较善于通过换位思考来理解他人的感受。因此，他们做决定时会想更深入了解相关人物的感受，通常也会先考虑人性再考虑逻辑，因为"一样米养百样人"，人又不是机器，怎么可能将一套理论套用在所有人身上？"情、理、法"相比，当然是"情"大于一切！

实际上，T 倾向的人不是没有情感，F 倾向的人也不是没有逻辑。我觉得最受刻板印象影响的认知功能就是做决定的倾向。根据 MBTI 官方的统计，较多的男性有 T 倾向，较多的女性有 F 倾向，再加上这个认知功能常常和社会的性别刻板印象（stereotype）挂钩，所以人们加深了对 T 倾向和 F 倾向的误会。

T 不意味着冷血，F 也不意味着爱哭

很多时候，T 倾向的人可能根本不知道自己的决定可能伤到人，因为他们认为他人也用同样的逻辑做决定，或者因为他们也很少考

虑自己的感受，所以也不太有同理心。此外，T 倾向的人认为做的决定必须要公平，不能因为人的关系而不公正，因而可能觉得"该做的事还是得做"。

社会常常要求男人呈现 T 倾向，要坚强、不要有情绪，但其实这只是要求他们压抑情绪、不要表现出来，不代表他们没有情绪。实际上，T 倾向的人也可能为了顾全大局或追求公平牺牲自己。因此，不要再说他们冷血了！

F 倾向在父权制社会中，有时带有一些贬低的意思，比如"感情用事"，好像更是形容女性的词。我觉得这些都是过于简化 F 倾向的刻板印象，F 倾向的人并非总在哭、歇斯底里。

实际上，F 倾向的人重视每个人的个性，也追求公平。他们认为人并非机器，每个人的起跑点与状况不一样，不能都一视同仁，如果所有的事情都系统化、没有特例，那对天生资源较少的人来说，这怎么算得上公平？ F 倾向的人并非没有逻辑，只是更善用同理心，做决定时会优先将人性与情感考虑在内。

你觉得自己做决定时，更倾向于 T 还是 F 呢？

如何执行？

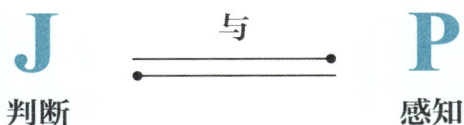

J 与 P
判断   感知

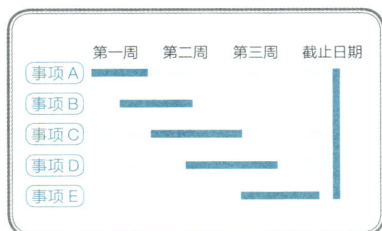

Judging

擅长规划，有条有理，
按计划表操作

Perceiving

善于随机应变，
执行计划时有弹性

执行　做了决定之后，你会用什么方式执行？

J 指判断，J 倾向的人比较喜欢有条理的做事方式。 对他们来说，效率很重要，而人生就是不断地判断、做决定，再往前走。从每天早上起床要不要多睡 5 分钟、穿什么出门，到是否结婚、要不要生小孩，他们通常都会想办法控制外界，让他人依照他们的规划做事情。

他们通过控制外界来获得内在世界的自由，因为如果能知道几点几分会发生什么事情，就不会出现突发状况让自己措手不及，这样一来他们也不容易因为未知而感到焦虑。

P 指感知，P 倾向的人比较喜欢灵活、有弹性的生活。 对他们来说，过程与体验很重要，他们的内在抓紧了这个信念，渴望外在的自由。

P 倾向的人不喜欢被约束，因为他们每分每秒都在感知各种信息，如果一切都规划得很详细，他们可能被迫放弃一些体验人生的机会，做事情也无法随机应变。对他们来说，人生就像远征冒险，"将在外，君令有所不受"，不可能预先完全确定各种情况。

如果你做事倾向于事先规划执行的步骤与细节，那么你更可能有 J 倾向；如果你喜欢更自由、灵活一些的生活，也常常在快到截止时间时才开始做事，那么你更可能有 P 倾向。

J 不等同于"成功"，P 也有独特优势

我常常收到的留言和问题是"我好想变成 J"或"J 倾向的人是不是比较成功"。这是因为人是群居动物，在演化的过程中需要设定界线和规章，确保相处时相安无事。因此，社会看重规范，也赋予了"善于规划"这个功能更高的价值。

但其实现在的社会越来越多变，就像移动支付，这是人们在十几二十年前完全无法想象的事情。在这样的社会背景下，P 倾向就占上风了，因为不管有没有事先规划，人生总会出现无法被控制的突发状况，人们必须见机行事。

所以，也许在过去，社会比较看重 J 倾向；但在未来的世界，P 倾向的人所擅长使用的技能可能越来越能发挥作用。但无论如何，请记住，不管世界怎么改变，两种倾向的人都是世界所需要的。

开始组合真正的你

了解了每个维度的倾向后,你就可以把这4个字母拼起来,那就是**最符合你的人格类型**。如果你实在难以确定某一个维度的倾向,例如你一半时间是用实感获取信息,另一半时间是用直觉,那么你就可以同时参考这两个人格类型的内容(例如 ISFP 与 INFP)。还有一点很重要:虽然一个人的人格类型不会改变,但人的行为可以改变,就像你会根据环境调整说话方式,不太可能用相同的口吻对父母、老板和好朋友说话。此外,人也能通过反思来开发自己不擅长的一面,让自己成长、变得更成熟,所以你很可能在某些时候像这个型、在其他时候又像那个型——这很正常,因为你在社会化的过程中,会学习到最适合你的生存方式。不过,通常有一种类型会让你觉得它和最舒适、最自在的自己最为相像,它可能就是最符合你的类型。

但我希望你不要自我局限。再次强调,你会使用每个认知功能,差别只在于倾向程度的高和低,你如果觉得我给每个型的建议都适用于你,那就不要执着于哪种类型最符合你了。

从外在的优势说起

16 种人格类型有许多种分类方式,有些根据可能的行为分类,有些根据认知与做决定的方式分类,而我这次选择用每种类型最擅长的认知功能分类。

为什么这样分呢？因为每种类型都有最擅长的功能，就好比每个品牌的手机都有其独特性与优势（相对地，也会各有一些局限）。有些声控功能更强，有些照相、录像功能更专业，还有些最适合写笔记、办公。就如同人格类型的八大功能，即使功能相同，用途也可能很不一样。就好比使用手机，同样是照相、录像，有的人是为了记录家庭回忆，有的人是为了写笔记；同样是声控搜集信息，有的人用来规划旅行，有些人用来探索知识。

既然我写这本书的主旨是希望你多多了解自己，那我就先从功能的外在优势与局限说起。你也许会发现，你以为类型和自己完全不一样的人，竟然和你具有相同的功能！

四种认知功能

主导功能（第一功能）是你天生最擅长的认知功能，也是你的自信心来源。通常人在青春期就很了解自己擅长运用什么功能、自己的功能情况了。但主导功能只是一个大方向，每个人的性格发展还必须搭配辅导功能（第二功能）。**辅导功能可以平衡主导功能，如果你的主导功能倾向于外向，那么你的辅导功能一定倾向于内向，反之亦然。**

主导功能与辅导功能可以让人在外界和内在世界找到合适的、舒服的应对方式。如同上文提到的，有些手机的最强功能是照相、录像，但有的人用它来记录与亲人的回忆，有的人则是用它来记录会议。因此，主导功能和辅导功能相加，才能构成一个人的基本个性。

第三功能是你不太会使用的功能，通常要到中年以后，经历了很多人生历练你才能学会好好运用。**第四功能则是你的影子（shadow）、你的潜意识，就是你不擅长、不重视、不太愿意使用的功能，**但是它对你格外重要，只有看到它、接受它，你才能变成更完整、更舒服的自己。

我很喜欢美国一个研究 MBTI 的播客"人格黑客"（Personality Hacker）对这四个功能的诠释，该播客将这四个功能比喻成汽车里的 4 个人，并将这样的比喻称作"汽车模式"（car model）。

第一功能如同主驾驶，负责开车。第二功能如同副驾驶，负责导航，副驾驶也会开车，当主驾驶累了，他随时可以递补上位。第三功能如同坐在后座的 10 岁孩童：他已经不是幼儿了，但还不够成熟。第四功能如同汽车后座上的 3 岁小孩：3 岁正是不太能够讲理的年纪，不过他通常都在睡觉，如果他醒来觉得不舒服、不开心，开始又哭又闹，那么整趟车程就会令人痛苦不已，给车上的人造成莫大的困扰。这就如同你常常无视自己压抑的那一面，直到它醒过来为止……每一种类型的认知功能是什么、怎么看得出来，解释起来有点儿复杂。你如果不是理论派的，那么参考本书后面附录的表格就好。假如你希望进一步了解，到时候再上课学习也无妨。

第 四 章

IS_J：珍惜“老字号”的经验

"

IS_J 成为完整的自己之后，能找到传承与创新的平衡点，既能保持好的传统，不让团队被新鲜、闪闪发光的新事物冲昏了头；同时也能为了让团队更好，愿意忍受变动的辛苦、主动推进大幅改革。这样的 IS_J 将成为团队中最重要的脊柱。

"

IS_J 和你有几分像？

你在 35 岁之前……

☐ 做决定时倾向于仰赖过去的经验。

☐ 如果没有遇到问题，就不太愿意修改做事方式或流程（If it ain't broke, don't fix it!）。

☐ 如果没有被特别提醒，就不太愿意花时间或资源探索新的做法或机会。

☐ 不完全排斥新事物，但通常不是第一个尝试的人（除非你曾经在第一次尝试的时候，获得超乎预期的成功和经验）。

☐ 如果他人忽然提出新做法或改变你规划好的流程，你的第一反应是排斥。一次出现很多新的东西或做法会让你很崩溃。

☐ 做事的时候，倾向于先完善计划，再按部就班执行。

☐ 倾向于从反思或独处中获得能量，如果独处的时间太少，会觉得虚脱。

☐ 倾向于从细节和事实中获取信息，不太擅长用推理或通过预测大方向来获得信息。

※ 你如果想初步探索 ISTJ/ISFJ 有多符合你，可以参考以上叙述与你相符的程度。但请务必注意，以上并非 MBTI 官方的正式自评量表，千万不要以此认定你的人格类型。

有一句俗语是这么说的："骗我一次，你可耻；骗我两次，怪我自己。"从过去的经验中学习，这就是 IS_J 心声的写照。

IS_J 信赖亲身体验，善于运用历史教训来规划人生，他们常说："我以前都这样做""不听老人言，吃亏在眼前"。

IS_J 可能不懂，明明过去有失败的案例，许多人却相信做同样的事情可以获得不同的结果；他们也看不惯明明有成功经验可遵循，却有人要浪费时间做不同的尝试。对他们来说，世界上的未知已经很多了，不善用经验不就是在浪费资源与时间吗？

IS_J 可以是传统文化的传承者，相信经过漫长岁月洗礼后的传统一定有存在的原因，就像"老字号"的产品有质量保证一样。比起想为什么这些传统或品牌可以传承下来，IS_J 更专注于如何将这些东西延续下去。

脑中珍藏范本的 IS_J

IS_J 注重实际与现实，很需要具体的信息。相较于推论出来的方法，IS_J 更相信感官获取的信息，也非常仰赖过去的知识与经验，因为这些可以被复制。

IS_J 心中好像有个云储存空间，分门别类存放着自己经历的每一件事。IS_J 很需要独处，因为每次在外界经历一些事情之后他都需要消化，就像存档或上传文件一样，总是需要一些时间。

IS_J 记得过去什么成功了、什么失败了，像编了一本生活手册。当未来碰到类似的事情时，IS_J 认为与其听一堆理论或推测未来的可能性，倒不如先从脑中的云储存空间捞出过去的成功范本，再修改运用。

例如，在办活动来提升团队的凝聚力时，IS_J 可能不会先问大家想要什么，而会搜集公司办过的所有讲座与工作坊的案例，回顾大家的反馈，再找出最成功的活动来复制。

如果 IS_J 心里累积的范本不够多，很可能将少数几个成功范本生搬硬套进新的状况，执行起来就会不顺利，甚至让人觉得太死板。所以，IS_J 需要多多探索外界，尽量体验新事物，这样对未来的工作、为人处事更有帮助。

"头泡在水里，整个身体也会泡进去"

IS_J 遵循规范，做事喜欢按部就班照计划走，不太喜欢跟外界有太多突然的互动。IS_J 比较善于根据现有的资源来思考可以做些什么，或依照环境来调整自己，不太会怨天尤人或主动向外寻求更多资源。

虽然人们的成长环境大都很支持培养 IS_J 的特质，但在"爱哭的小孩有糖吃"这个现实之下，IS_J 小时候可能因为守规矩、让父母放心，成了不太受关注的乖孩子；长大后，IS_J 则常被大家当作可靠的对象，但也因为不引人注目而被视为理所当然的存在。

IS_J 不容易被外界影响，也不太容易三分钟热度，还可以忍受一成不变的常规。因此，"头泡在水里，整个身体也会泡进去"。例如，IS_J 上瑜伽课可能一路学到教师助教，甚至变成瑜伽老师。所以 IS_J 不轻易尝试新东西，因为害怕一试成"主顾"，耗尽有限的时间与精神，把自己累垮。

容易被误解的稳定力量

IS_J 不擅长把外界的不同线索串联在一起，再借此看到一个大方向，因此他们比较排斥创新、不确定、推测的事物，也不太喜欢在没有遇到问题时先探索、想象未来的可能性。如果在一直求新求变的、以创意为主的环境里，IS_J 可能倍感压力，看不到自己的价值。

IS_J 比较"吃苦耐劳""认命"，不容易看到社会或系统需要做哪些调整，或者他们觉得微调就可以，不需要颠覆所有的架构。这时他们就会被其他类型看成是"一遍又一遍做同样的事情，却期待不同结果的疯子"（Insanity is doing the same thing over and over and expecting different results.）。殊不知，IS_J 其实没有期待不一样的结果，而是真心觉得现状可以忍受。

如果没有受到极大的挑战，IS_J 宁可将精力花在确保执行质量上，希望有效率地在时限内完成事情，所以 IS_J 做事的成功率会比其他类型来得高。但他们也可能老是想着用以前的方式，变得稍微缺乏创意。

IS_J 通常习惯稳扎稳打，让人感到非常稳、值得信赖，但其他类型也可能因此认为 IS_J "没有特色、太固执古板"，因而看不到 IS_J 的价值。但如果没有 IS_J 传承、执行社会规范，社会就会一团乱，就像大家今天以物易物，明天用现金，后天用移动支付那样。

被珍藏的传统，都曾是新事物

虽然 IS_J 偏爱经验与传统，但不代表他们不愿意创新或学习。请不要忘记 IS_J 收藏的传统曾经都是新事物，所以他们不是讨厌学习新东西，而是因为所有新的经验最后都会变成旧的回忆。

IS_J 看到过去没有成功经验，或过去的成功经验已无法复制时，也会主动尝试新方法。但是，这种创新最好别涉及 IS_J 信赖的整体架构，否则他们容易应付不来。例如，IS_J 一直认为组织中应该主管说了算，他们可以接受主管采纳大家的建议再做最后的决定。但是如果某天，新老板宣布未来所有决定都由全员投票决定，IS_J 可能很难接受这种突如其来的巨大改变。另外，如果 IS_J 曾在几次新尝试后获得意想不到的好结果，好到足以扭转他们对未知的恐惧，这也可能成为他们的经验，让他们因而乐意尝试新东西。原因不是他们对新事物有兴趣，而是他们记得这样做曾带来很好的结果（这也是为什么我一再强调不能用行为判断一个人的类型）。

找出传承与创新的平衡

当身边的人和系统变得太快，IS_J 发现自己建立的所有规范都崩塌了时，他们心中被压抑的那一面可能忽然"爆炸"。他们会停止探索，坚持传统的做法。他们这时无法听进建议，只会觉得要求改变的人"不听老人言"。

不过，IS_J 也可能反转 180°跳到另一个极端，变成"打不赢就加入"（If you can't fight them, join them!）的人。他们可能抛下一切传统包袱，忽然变成另一个人，例如本来严谨保守的上班族忽然变成一个叛逆的人去流浪。他们如果认定原本的环境已经彻底失控，便可能忽然搬家／换工作／离婚，让认识他们的人大跌眼镜。

如果 IS_J 没有好好面对这个部分的自己，那么反转可能变成他们的常态，每次只要无法获得他人的同意或压力大，他们就会觉得"管他的，我换一个人／地方／学校，重新再来一次就好啦"。

人生经验丰富的 IS_J 能看到传承的价值，也理解随着时代变迁，很多事情会改变。这样的 IS_J 能找到界线，既维持好的传统，不让团队被新鲜、闪闪发光的新事物冲昏了头，也理解自己因为容忍度强而可能没觉察到不合时宜的制度需要调整。为了让团队更好，IS_J 也愿意主动推进大幅改革，虽然这个过程对他们来说可能非常辛苦。

既能培养自己的灵活度，也能平衡传承与创新的 IS_J 会成为一个团队最重要的脊柱。

致 ISTJ：
"你如果不说，有些人真的不懂。"

ISTJ 是最符合你的类型吗？

☐ 你倾向于根据已确定有效的标准作业程序（Standard Operating Procedure, SOP）做事，以便有效率地达到目标。

☐ 你做决定时倾向于使用逻辑，所以不太会先考虑自己或他人的感受。

☐ 你做决定时倾向于使用过去的类似经验，再根据现状修改、套用。

身边的人可能这样形容你：

☐ 冷静　　　☐ 稳重　　　☐ 谨慎　　　☐ 传统

☐ 孤僻　　　☐ 不懂变通　☐ 完美主义　☐ 有点儿冰冷

☐ 过度认真　☐ 注重细节　☐ 墨守成规　☐ 自尊心强

☐ 缺乏同理心☐ 未雨绸缪

※ 你如果想初步探索 ISTJ 有多符合你，可以参考以上叙述与你相符的程度。但请务必注意，以上并非 MBTI 官方的正式自评量表，千万不要以此认定你的人格类型。

看过《哈利·波特》(*Harry Potter*)的朋友一定记得，当哈利年纪还小时，每次老师问问题，班上第一个举手的就是赫敏。这位小朋友对学习很执着，放假时该预习的功课一定都预习好。她对好友哈利和罗恩玩世不恭的学习态度很不以为然，常常想纠正他们。

我相信赫敏也喜欢在团队里扮演小老师的人设，如果非魔法世界发生大事，她可能一辈子都不会改变个性，而是越来越觉得自己就是高材生，越来越不愿意尝试新做法。但是后来当她所信赖的机构受到威胁，她信赖的老师也失去权力，赫敏慢慢发现旧的方式无以为继，便开始勇于探索新的可能性。

同样地，《飞屋环游记》(*Up*)里的老爷爷为了保护回忆，坚持做他人眼中的"钉子户"，排除万难也要抗争到底。他发现真的没有办法后，才踏上探索的旅程，却也因为这个机缘，找到了新的人生意义。

特质 仰赖过去经验的忠诚伙伴

你为了达到最高的效率，每次遇到新的事情，往往习惯先搜寻有没有做过类似的事，再务实分析。接着，你会制订出详细的计划，再一步一步执行。因为你会参考过去的经验，不会贸然尝试新做法，所以成功率高于其他的类型。因此，这是你自信心的来源。你倾向于独处的时间多一些，所以很适合独自工作。工作的时间与分工如果明确，没有太多变量，让你可以发挥逻辑分析的能力，专注于想做的事情上，就可以让你进入心流状态。虽然你不讨厌团队合作，但你希望分工清楚，并建立详细的 SOP，每个人的任务都没有争议或模糊的地方，让每个人各尽本分。你对朋友、家人都非常忠心。只要投注了感情，你就会把对方当作自己人，放在心上。从此以后，你一定什么事情都想到对方。

你照顾人的方式，更多是帮对方处理实际的事情，而不是走买花、甜言蜜语的路线。例如，要缴税了，你会默默帮对方整理好资料。你可能像霸道总裁或冰山美人，被误解为高傲冷漠的人，但你在酷酷的外表下其实有颗温暖的心。

关卡 看不懂他人，也不太想看

你如果很早之前就有了成功的经验，就可能不愿意继续扩增范本、尝试风险更大的新做法，这会让人觉得你墨守成规。

ISTJ 如果要成长，就必须多跟外界互动，向他人解说你的逻辑并整合资源，但这对 I 倾向的你来说并不容易。首先，你可能觉得他人应该懂你的逻辑，但其实并非如此！再来，你也可能嫌麻烦，或怕与"人"有关的因素太多会节外生枝，就不太想向大家解释。你也不喜欢为了讨好他人而做出不符合逻辑的决定。

然而，一旦沟通能力和整合能力没有发展好，你就可能反而变得太仰赖感受、太专注于自身的经验和信念，无法整合资源或告诉他人为什么这么做比较好，因而防卫心很重、不常使用逻辑，让人觉得你不近人情，像个老顽固。你如果没有多花些时间沟通、想办法理解他人，那么在说话、做事时就不太能考虑他人的感受，可能有些伤人；你也可能过于坚持自己的信念，不愿意听他人的想法与反馈。很多 ISTJ 认为自己不太懂得同理，好像有点儿冷酷，原因在于 ISTJ 有点儿理解不了他人的想法或不想理解，因为你不想改变做事方式，所以你就算理解了也做不了什么。不过，我想提醒你的是，你在这个世界上不可能完全不和他人一起生活与合作，而且你其实也渴望与他人有情感交流，只是这种渴望比起独处略逊一筹。你非常希望做真实的自己，也希望做的事情符合自身信念。当他人的批评或建议影响到你的信念或对自己的认知，或你觉得自己的情感或所相信的一些做事方式受到了威胁，那么在压力大的状况下，你可能因为应激而变得更不愿改变现状、更想捍卫自身信念，成为他人眼中的"顽石"。你也可能因为烦躁而远离人群，变得越发愤世嫉俗。

你可能对天马行空的想法不以为然，或对三分钟热度的行为嗤之以鼻。你觉得有这样想法或行为的人没有恒心，做事不踏实，也都不懂得"吃苦当吃补"的真理。但是，如果没有天马行空、到处探索的人，大家都专注于复制过去的经验，人类就不会有创新力，遇到突发状况也无法灵活应对。

你可能希望大家"理性一点儿"，有时无法理解为什么他人会有一些幼稚或情绪化的要求。你也可能想要远离情绪化的人，因为你不太知道怎么跟他们沟通，好像你们说的语言不一样。如果对方是亲近的人，那么就算他们只是表达情绪，你都会觉得有点儿被"情绪勒索"，因为你不太想因为这些情绪而改变自己。

不过，会表达情绪的人可能表达的是你所压抑的情绪，或表达的是你身边的人有共感、你却没有觉察到的感受。此外，他们也能提醒你，人不是机器，并非一切都能照计划、按逻辑进行。

提醒　放自己一马，这不是纵容

记得前面提到赫敏和《飞屋环游记》里的老爷爷吗？他们如果没有受到很大的外界刺激，可能永远不会改变。但不可否认的是，改变之后，他们变得更完整，人生也更有意义了。不要等到迫不得已才去探索不同的生活方式。请慢慢让自己看到，人生不需要每次都成功、每次都非常有效率，就算因为尝试新东西而失败，也是一种学习。完整的你能参考过去的经验，同时探索不同的可能性，再规划出最好的做事方式；你也能给他人发挥空间，因此能整合更多、更广的资源来达成目标。你非常倾向于以目标为导向，对成功的"样貌"有清楚的想象，会期待配偶的样子、小孩的样子、家里的运作方式等。你也会严格要求自己，并可能自认为这是好事，因为这样子你才能有今天。许多时候你放不下过去的成功，它成了你的偶像包袱；你也忘不掉过去的失败，它让你无法停止鞭策自己。然而，这些终究会阻碍你成长、蜕变，让你逐渐沦为完美主义的奴隶。

我研究心理学这么久，知道了正面反馈可以让人进步得更快。如果你对自己非常严苛，那么就算逼得自己达到一定的高度，你也会碰到瓶颈，因为你的动力来自躲避批判，而非实现目标后的喜悦。

　　另外，因为你对自己严格，所以你很容易不小心给身边的人造成太大的压力。当你明白这点之后，下一步就是赶快删除这些过去的"档案"，或将其放到一边去。温斯顿·丘吉尔（Winston Churchill）曾说："成功不是终点，失败也不是末日，拥有坚持下去的勇气，才是最重要的（Success is not final, failure is not fatal: it is the courage to continue that counts.）。"所以，请停止批判与鞭策自己，放自己一马吧！不要因为过去的成功或失败而停滞不前。

　　我希望你想一下，自己对"成功"的事业、家庭的定义是什么。是大家都照着计划走，还是氛围和乐？事情如果不照着你的规划走会如何发展？如果真的"失败了"，又会发生什么事？你是不是曾因为失败而学到更多的东西？

　　你会发现自己从小到大没有什么事情是不经历失败就能成功的。比方说学走路，没有哪个幼儿一下床就会走，大家都是从爬开始，爬一爬、站起来、跌倒，走一两步摔跤、走三四步摔跤，爸妈都会觉得这时的小孩非常可爱，都要录下来。但是为什么当了大人之后，你一摔跤就觉得自己很差劲？这并不合理。

　　所以，每当"摔跤"时，你一定要提醒自己："小时候我也不是一下子就学会走路的，那为什么我要自己在这么短时间就获得成功呢？"你就想象自己如果在还是一个宝宝的时候连爬都不敢爬，那么你今天就还是躺在床上，要家人喂饭。迈出那一步吧，然后对自己好一点儿，这样你才可以走得更长远。

　　完整的 ISTJ 懂得打破"永远都要准备好、永远都要做对事"的人设，也会重新定义所谓的"失败"，进而发现尝试新事物和失败并不需要令人挂念。如果爱迪生当时失败了几次就放弃，那么也许人们现在还在点蜡烛呢！

你带给世界的礼物是：

『忠于维护规范，负责贯彻到底。』

稳定
负责
可靠
理智

致 ISFJ：
"唯一不变的是变化本身。"

ISFJ 是最符合你的类型吗？

☐ 你倾向于遵循传统习俗或仪式，让家庭或团队维持和谐又有凝聚力。

☐ 你做决定时优先顾及大家的感受、团队的动力，不太会先考虑是否符合逻辑。

☐ 你做决定时，习惯先找出与眼前问题类似的过去经验，再依据相关人物的不同进行修改、套用。

身边的人可能这样形容你：

☐ 安静	☐ 严肃	☐ 值得信赖	☐ 容易焦虑紧张
☐ 可靠	☐ 维护传统	☐ 任劳任怨	☐ 难以拒绝他人
☐ 认命	☐ 认真	☐ 注重细节	☐ 外柔内刚
☐ 感到孤单，渴望友情		☐ 在意他人对自己的看法	
☐ 保守			

※ 你如果想初步探索 ISFJ 有多符合你，可以参考以上叙述与你相符的程度。但请务必注意，以上并非 MBTI 官方的正式自评量表，千万不要以此认定你的人格类型。

在迪士尼的动画中，灰姑娘的爸爸娶了对灰姑娘很坏的继母，继母还带着两个会欺负灰姑娘的姐姐，但是灰姑娘任劳任怨，每天还是和她的老鼠朋友（咦？）一起做家务，在被虐待的生活中找乐子。

她过得开心吗？他人看她相当痛苦，但她懂得苦中作乐，似乎没有太多抱怨，也没有往继母和姐姐的食物里吐口水、放老鼠屎报复。就算遇到了王子，也知道对方爱上了自己，她还是因为不想伤害家人而没有主动去找王子。若非刚好全城的女孩都穿不进那只玻璃鞋（怎么可能？），也许善良的灰姑娘就永远失去找到真爱的机会了。

不过，原版《格林童话》（*Kinder-und Hausmärchen*）中的灰姑娘与迪士尼版本的有些不同，她并非任劳任怨，她做家务一则是因为妈妈去世前交代她要做个虔诚的"乖"孩子；二则是被继母大力逼迫。她被欺负后，常常去妈妈的坟上哭；她也花了很大的力气争取参加舞会，并非马上接受了继母的安排。最后和王子结婚了，故事也影射出她做了些报复性行为……

这两个版本中的灰姑娘看似不同，其实核心都有 ISFJ 倾向。

特质 幸福，就是一切如常的安全感

当你处理事情时，会先从过去类似的经验中挑出成功率最高的做法，并考虑这个做法有没有顾及所有人。由于你重视和谐，因此每当要做决定时，你可能想："我以前学过什么？他人怎么教我的？

以前碰到过这样的状况吗？当时大家是怎么做的？当时的做法是让大家开心、团队和谐了，还是让大家闹翻了？我怎么做能让大家凝聚在一起、让人人都受到照顾？"

如果能让你按照规范、程序做事，或在文化或传统之下规划SOP（例如，过年要在家里过、公司年会要让老板表演、晚餐要家人全部坐下才能开始吃），同时你又能照顾到所有人的情绪与需求，做一些对团队、对世界有意义的事情，那么你就会进入心流状态。很多能让所有人都受到照顾的政策，就是ISFJ想出来的。

你照顾人的方式就是关心、体贴他人，为他人做你认为他们会开心的事情。例如，家人如果曾经称赞你做的一道菜，那么你之后每次看到他们就会做这道菜，虽然这可能让他们在吃腻时不敢告诉你。当家人在外受伤时，你是个稳定、温暖的存在；当家人好久没回家时，往往最想念的就是你做的菜。

关卡　小心，别被过去束缚

如果过去的成功经验不够多，你就可能坚持一定的模式，让他人有压迫感或感觉被情绪勒索。

例如，你可能坚持全家都到后才能开饭，所以会对加班的人说："你如果不赶快回家，我们大家就都要饿肚子了！"或者，你可能过度仰赖过去的经验，像《格林童话》中的灰姑娘，因为妈妈临终前的话而无法遵从直觉来反抗继母。

有时你也会坚守过去的承诺。例如，朋友约你吃饭，你以为只有你们两位,你出发前他才说会再带两个人介绍给你,这时你就可能生气,因为对你来说这并非他原先的"承诺"。不过,你要知道人生常有"从天上掉下来"的机会,如果完全按照规划来生活,就可能因此错失一些人生中的惊喜。

如果你没有发展出坚强的信念或意识到自己要什么,你就会过度在意他人的想法和需求。你可能觉得既要让 A 开心,也要让 B、C、D 都开心,因此花所有的时间迎合他人,却忘记照顾自己或身边最重要的人。例如,你可能记得妈妈以前每年过年都会做一桌年夜饭给大家,自己当了妈妈之后,因为大家希望有同样的感受,所以即使你不太擅长也不是很喜欢下厨,你也会坚决保持传统,把自己搞得压力很大、心情不好,忙得无暇顾及自己和小孩。

当你压力大而被触发应激反应的时候,你可能过度切割自己的情感、过度运用逻辑来分析事情。例如,你平常很会照顾人,会花很多时间来考虑每个人的想法,可是当你发现自己真的没办法让每个人都开心,甚至你还被当成坏人、被人怪罪,你就会想:"那我就不管了,不再浪费时间了,我们依法(依规矩)处理这些事,完全照着逻辑来,大家都别废话,谁该做什么去做就是了。"

这时,你可能变得有过之而无不及,开始过度批判、过度追求完美主义,当他人没做到该做的事情时,你会一反体谅的态度,不太愿意体谅对方的难处,而是质疑对方为什么没做到。

另外,你在真的很生气时也可能完全放弃思考、不讲逻辑,否定所有对事不对人的观点。例如,有人告诉你"可是每个组织都有一些规范必须遵守啊"，你就可能反对这个观点，觉得"应该考虑到每个人的状况，要关注到每个人，不可以这么冷血"。

在正常的状况下，遇到新信息时，你可能去了解一下它。但是短时间内接触很多新的事物，就会让你觉得有点儿不安全，因为你建立的所有架构都可能被推翻，也可能影响团队的动力与和谐。

你越觉得受到威胁，就越焦虑，会变得更排斥探索外界。你会十分抗拒接受新事物："不，不能改，就是不能改。"例如，组织里有一批人一起离职就很可能使你陷入负面情绪，觉得"这个走了，那个也走了，这公司完蛋了"。

对你来说，你要看到事情有不同的做法，或通过探索找出不同的可能性，这些都是你不擅长也不太喜欢的事情。例如，以往每年的年夜饭都在家吃，今年却有人提议一起出国玩，你可能觉得莫名其妙："这做法不同、气氛不同，怎么还算过年呢？过年就是应该全家围炉吃饭啊！"你可能没意识到这个方式能让大家一边团聚、一边度假，也不必为做年夜饭而辛苦。如果全家都希望出国玩，你就可能动怒，忘了全家聚在一起就是为了快乐、团圆，而不只是完成某个仪式。

你可能对三分钟热度的人不以为然，认为他们不切实际，也担忧他们不尊重传统、推翻传统，既不懂得基本的礼仪道德，也不懂得体贴其他人。你也可能认为画大饼的说辞都是歪理，认为这样的人不够踏实。然而，如果没有这些人，世界就可能永远没有创新和改革的机会，你也不会意识到亲情、人情的压力可能阻碍你的自我成长。

(提醒) 相信自己，停止无谓的透支

你也许倾向于只和少数几个人亲近，因为只要是你关心的人，他快乐与否都会影响你的情绪。你的潜意识希望团队的互动方式不要改变，但人生唯一的不变就是"改变"，尤其是人心。

所以，当改变发生的时候，你要提醒自己不要先"跳到"比较负面的地方，也不要太焦虑，因为改变不一定是坏事，有时反而是转机。你要对自己的能力和这个世界有信心，相信到最后一切都会好起来。你至少要相信自己，因为你非常有韧性，也很有毅力，懂得如何应变。

你学一个新东西时，会想学得很专精。虽然这是你的长处，但是你也不要给自己这么大的压力。你不需要做了选择就要走到极致，有时候学到一半觉得不适合，就不要再继续，不用硬撑着消耗自己的能量，毕竟你的时间和精力有限。建议你多探索不同领域，不要觉得这是三分钟热度，这样你才能做出最适合自己的选择。

当你对一个人有感情的时候，会完全投入其中，所以你不能同时爱很多人，有些人就是比其他人重要（例如，家人相对于同事）。与其听到他人的需求就直接去照顾他人，我希望你先等一等，想清楚顺序，并盘点自己到底还有多少资源与时间，让自己停止无谓的透支。这并不简单，不过，花一些时间练习，慢慢你就可以设定好一些界线。

最后，请不要因为太关心他人就牺牲自己。你常常扮演维系家庭、凝聚整个团队、传承社会传统的角色，如果你累坏了，受伤的不只你自己，也包含真正很爱你、很关心你的人。所以，虽然这对你来说可能有点儿难，但我还是要请你对自己好一点儿，把自己的需求放到更前面。加油咯！

完整的 ISFJ 理解仪式和 SOP 只是维护团队利益的方法之一，并不是一切。这样的 ISFJ 也会先把自己照顾好，探索自己不同的一面，根据自身经验了解每个人的需求。你将懂得让身边的人找到自我定位、寻求自身快乐，再用大家都舒服的方式达到团队的目标；你会将传统的精髓保留下来，但也会依照社会变迁改变行为与习惯。

你带给世界的礼物是：

『兼具智慧与建设性的同理心。』

\# 共情

\# 细心

\# 温暖

第 五 章

ES_P: 既反应迅速又活在当下

> ES_P 有一种其他人无法抗拒的魅力，如果他们希望，他们常常可以成为大家关注的焦点。成功的 ES_P 就像走钢索却没有安全网保护的人，他们必须全神贯注，专注于每一秒的每一个动作，不能想太多或想得太复杂，这一刻所发生的一切，对他们来说就是最重要的。

ES_P 和你有几分像？

你在 35 岁之前……

☐ 倾向于关注当下，不太重视长期规划。

☐ 更注重眼前的状况，不太会设想现在的行为对未来的可能影响。

☐ 跟自己身体的联结比较多，倾向于通过感官搜集信息。

☐ 比较容易被外在的信息吸引。

☐ 比较喜欢寻求刺激。

☐ 不太考虑未来的趋势。

☐ 可能反应比较快，但也可能太快下结论。可能做事不太有耐心。

※ 你如果想初步探索 ESFP/ESTP 有多符合你，可以参考以上叙述与你相符的程度。但请务必注意，以上并非 MBTI 官方的正式自评量表，千万不要以此认定你的人格类型。

ES_P 擅长通过感官接收信息，他们像是武侠小说中的武林高手，通过一点儿风吹草动就可以知道敌人来袭和对方的功力。因为更快接收到了这类信息，他人就可能觉得 ES_P 的反应更快，但那其实是因为 ES_P 准备的时间比他人多了几秒。

因为反应快又充满能量，ES_P 有一种其他人无法抗拒的魅力，如果他们希望，他们常常可以成为大家关注的焦点。

ES_P 的感官在每个当下都能接收许多信息，外向的他们也乐于与这些刺激互动。只要让 ES_P 跟外界互动，而且不在充满负面能量的环境里，他们就会让人感觉有用不完的精力。

ES_P 也擅长观察，他人的小动作都逃不出他们的法眼。他们可能精于从他人的一举一动来了解对方的思考方式或情感状态。想骗过 ES_P 恐怕需要一些功力！

计划赶不上变化，不如就见招拆招

因为 ES_P 的临场反应常常很好，所以他们不习惯想得很多、很远。他们理解不管做了多少计划都不可能预料到未来的所有事情，因此认为及时行乐比担忧未来更有意义。如果用打球时的思路来形容 ES_P 的做事方式，那么他们在球场上可能这样想："我只要上场就知道怎么做了，为什么要浪费时间事先规划策略、做沙盘推演？"

喜欢活在当下的 ES_P 的"死穴"就是不会设想未来会发生什么事情、为未来做比较长远的计划。他们就算隐约知道现在不做打算，未来就可能出状况，也还是可能心存侥幸，想要见招拆招。

大部分的人应该都遇过这样的状况：明明要减肥，但美食当前，于是告诉自己"今天先吃一点儿，明天再开始减肥吧"；明明知道第二天一大早要开会，但还是和朋友出去疯玩，原定晚上十点回家，结果喝酒喝到清晨，导致第二天早上因为宿醉而难受不已。这种事情可能常发生在 ES_P 身上，因为感官刺激太吸引他们了，就像猫闻到猫薄荷一样，他们难以控制自己的直觉反应。

ES_P 如果要成为真正的武林高手，就要学会不动如山、静观其变，想清楚自己真正的目标，不和每一个人过招。

坐着好好学习，是最严厉的处罚

ES_P 擅长通过感官刺激以及与外界互动来激发学习动机，所以待在家里"好好学习"对他们来说比较痛苦。但学习理论如果搭配上做实验或团队讨论／互动，就能激发 ES_P 的学习动机。

如果环境可以让 ES_P 多多活在当下，发挥随机应变的能力，那他人就可能因为 ES_P 反应快而高估他们的实力。如果处于比较传统的成长环境中，比如学习环境经常是老师讲、学生听，互动较少，那么 ES_P 可能感觉无聊到想睡觉，看起来很懒散。但请千万不要将这种表现误解为他们不喜欢学习。ES_P 的学习能力可以非常强，智商高的 ES_P 可能让老师觉得他们上课时没在听讲，但是他们在考试时可以得高分。对 ES_P 来说，模仿他人、现学现卖这种能体现"街头智慧"（street smart）的事情是他们的强项。

ES_P 对缺乏互动的环境感到无聊，也比较排斥没有刺激、按部就班的做事方式，加上规划未来不是他们的强项，所以在比较严厉、规范和界线清楚的环境中，他们容易被看成懒散、不踏实、只有小聪明、人缘比实力强的人。

如果从小就在这样的环境中接受这样的评价（在东亚的教育环境中很可能发生这种状况），那么他们对自己的能力也会有所怀疑，可能觉得自己就是"不爱学习""不会学习"或"有过动倾向"的小孩。

当 ES_P 的特质没有受到欣赏，或在体系里派不上用场时，他们就会帮自己另外找定位：聪明却调皮捣蛋的小孩、有过动倾向的小孩、搞笑谐星等。同时，他们也会过度低估自己的学习能力。

如果眼前的诱惑与 ES_P 的信念或对未来的想象矛盾，而他们却受纪律约束无法反抗，那么他们可能更抵触对未来的想象，用一些方式合理化自己的决定（例如，认为"谁知道人可以活多久？"）。

如果 ES_P 经历过几次因为没有事先计划而失败，之后开始花太多时间想象未来的可能性，对不可捉摸的未来感到恐惧，那么他们也会对通过感官获取的信息失去信任，找不到自己的价值。

盯着眼前的同时，也记得想想未来

完整的 ES_P 像在没有安全网的保护下就走钢索的人，他们必须全神贯注，通过感官搜集信息，专注于每一秒的每一个动作，用最短的时间做决定，并控制身体高效执行，所以他们不能想太多或想得太复杂。当下发生的一切对他们来说就是最重要的。

不要看 ES_P 的人有 P 倾向就认定他们会拖延，完整的 ES_P 其实不太会让问题搁置太久，很多问题在发生的当下就会得到解决。他们不会过度分析问题，或牵扯太多不相关的人、事、物一起参与决策。

当 ES_P 确信自己的信念和发展自己的逻辑，并用这股力量来训练自己的纪律性，进而发现自己的愿景时，他们就会成为团队最需要的"一线急救人员"。不管是紧急化解团队的尴尬（例如，老板讲了笑话没人笑或没人接话），还是紧急应对混乱的状态（像电影里的英雄拯救枪战中的人质），ES_P 都能得心应手。不过，对需要深思熟虑并规划长期计划、整合多方资源的事情，他们就可能拖延，不太想面对。

然而，这些功能也是 ES_P 被压抑的地方。他们如果没有发展这些功能，就会看不到（或不愿意看到）现在自己的所作所为与其他人、事、物的关联，或对未来有什么影响。在这样的状况下，他们容易重蹈覆辙，让大家百思不得其解：为什么这么聪明的人老是犯同样的错误（妙的是，他们却能非常客观地分析他人的状况）？

　　不少自认为吸引"渣男/女"体质的人都可能是 ES_P，虽然每一种类型都可能不幸碰到"渣男/女"，但多数人会"一朝被蛇咬，十年怕井绳"。ES_P，尤其是 ESFP，再度碰到"渣男/女"时，却可能又被当下的甜蜜冲昏了头，或认为自己应对"渣男/女"的能力有提升而再次陷进去。

致 ESFP：
"你不需要永远为了让他人开心而回应他人。"

ESFP 是最符合你的类型吗？

☐ 你喜欢追求感官上的乐趣，可能曾被人说是"爱玩"或"很会玩"的小孩。

☐ 你倾向于通过动作来表现丰富的情感。

☐ 你可能在团队里扮演开心果或带动气氛的角色。

身边的人可能这样形容你：

☐ 随和	☐ 精力充沛	☐ 观察力强	☐ 务实
☐ 足智多谋	☐ 活泼乐观	☐ 喜欢热闹	☐ 喜欢被关注
☐ 人来疯	☐ 喜欢自由	☐ 适应力强	☐ 三分钟热度
☐ 没有耐心	☐ 反应快	☐ 追求刺激	

※ 你如果想初步探索 ESFP 有多符合你，可以参考以上叙述与你相符的程度。但请务必注意，以上并非 MBTI 官方的正式自评量表，千万不要以此认定你的人格类型。

美国漫威漫画旗下的超级英雄"星爵"彼得·奎尔很像 ESFP。他反应快又幽默风趣，出场后通常会发生好笑的剧情。虽然他也有苦恼，但整体上是搞笑的角色。

美国电视剧《老友记》（*Friends*）里的瑞秋也很像 ESFP，记得第一集的剧情就有她在自己的婚礼举行到一半时中途逃跑，因为她发现自己实在没有办法和结婚对象继续生活下去。

其实大部分的人不会等到最后一刻才退婚。不过，因为 ESFP 不到最后关头就不太愿意想到未来（尤其当未来可能问题重重的时候），他们也无法因担心后续的烂摊子而违背自己的信念和感受，所以在最后一刻变卦可能是 ESFP 常常碰到的状况。

（特质）用热情团结大家的贴心伙伴

你擅长通过感官接收信息，可能从小观察力、嗅觉、听力就特别好，或对吃有特别的喜好。你用感官搜集信息之后，会考虑自己舒不舒服、信息是否符合自己的信念再做决定。对你来说，看得懂他人的心情、擅长交朋友、可以通过互动带给自己和他人乐趣，都是自信心的来源。

如果你处在高强度的环境中，而你可以充分运用感官，通过互动与观察他人来了解人性并发挥创意，用热情和亲和力帮助他人解决问题，就会让你进入心流状态。

如果你的沟通能力发挥得很好，你就很适合协助大家跨部门合作，因为你的热情可以让大家很快一起开始对话。你就像美国电视剧《神烦警探》（*Brooklyn Nine-Nine*）里不太按常理出牌、带着幽默感又很聪明的警探。

你很体贴，如果看到身边的人不开心，你可能对对方多加陪伴，陪对方吃些好的或到郊外散心，你也愿意给对方空间好好休息。不过，你不太愿意花太多时间想象未来的可能性，譬如谈要不要结婚或讨论未来的发展，因而可能使对未来有恐惧感的人缺乏安全感。

关卡　让自己当下好过、未来难受

你可能太专注于当下，不太想规划未来，也不太愿意思考做某件事情跟你的信念有什么联结、对你的未来有没有帮助，只寻求感官刺激、好玩，喜欢极限运动（例如攀岩）。这样一来，你会陷入过一天算一天、当下开心就好的状态。

当你对自己没有很大的信心、太渴望被喜欢时，你更难对人说"不"。例如，老板周末找你陪他出去应酬，你其实不想去，但是当下尴尬的感受太过强烈，于是你就答应了。因为比起现在难受之后轻松，你更关注当下的感受，所以你会先答应下来，让自己在未来再苦恼。

你可能容易分心或常常被打岔，例如跟人讲话时忽然有东西从你面前飞过去，你的思绪就会跟着它飘走。因此，你要提高纪律性和逻辑性，如果做的这件事情符合你的信念，就要想办法专注于它，专心做完。

　　这并不容易，因为你太容易接收到外界的信息了，但你可以适度通过打坐之类的方式让自己静下来；专注力就是你可以发展的功能。此外，花一些时间多想一下你最终的目标、最终的愿景是什么，可以为你打造一个用来稳住自己的锚，帮助你的思绪不会因为外界干扰而一下子就飘走。

　　你在压力大的时候，可能过度使用逻辑，或干脆完全忽略逻辑。比如说上文讲到瑞秋逃婚，她可能在逃婚前就隐隐约约觉得结婚不太对劲，但是她跳过了跟自己确认的步骤，而只用逻辑来分析，例如觉得"爸妈已经说好了""他们结婚符合社会主流认同""感觉未婚夫'适合'她"，因此认为自己应该做这样的决定。当她真的受不了时，她又完全放弃使用逻辑，在婚礼进行到一半时忽然逃跑。虽然她最终找回了自己的真心，但她的做法不太符合逻辑。

　　你可能很容易听从父母或很会讲道理的人的建议而做一些决定，但这样的决定通常会让你在未来感到很痛苦，或让你在决定了不久之后就想要放弃，出现所谓的"三分钟热度"。

　　由于你不擅长规划未来，所以你容易对未来产生很大的恐惧感，你可能变得疑神疑鬼，觉得大家都在背后讲你坏话或想要害你。

　　一般来说，你对其他人很包容，不过，你可能不太欣赏他人一直放眼未来，讲一些不着边际的预言，一天到晚告诉大家"应该"如何为未来做规划。虽然这种类型的人懂得未雨绸缪，在某些层面上你也觉得他们是对的，但是他们通常会主动告诉你应该做什么，甚至可能唠叨你，导致你觉得有点儿烦。

你也可能对组织能力很强，但总是逼你做决定的人又爱又恨。你爱他们是因为他们可能很照顾你，会提醒你做很多你可能忘记的事情。然而，他们又经常逼你做决定，或在你想推翻决定时加以阻止（一直提醒你恒心和毅力最重要），使你觉得这么做很不应该、压力很大。

尽管你可能觉得组织能力强的人不近人情，但是你也很清楚如果没有他们，社会可能就乱成一团了。如果每个人都在最后一秒才做决定，那么其他配合的人就没有充分的反应时间了。也许你觉得，他们不要这么咄咄逼人就好了，但请设想，如果世界上有一半的人都不愿提早做准备或做决定，那该是多么令人焦虑的事情啊。

提醒　展现真实的自己，找到心中的"北极星"

因为你擅长通过观察来理解人性，例如你发现某个人好像每次碰到某件事就会哭或看到某个东西就会开心，所以你非常了解他人想什么、怎么看你，你的人缘会是你最有自信心或你认为很有价值的地方，你也很容易就想讨好他人而多做事情。但你还是要先静下来想想自己想当什么样的人、是不是一定要让这些人喜欢你。

我建议你适度把悲伤、难过的那一面展现出来。因为你常常扮演开心、愉快的角色，有时大家也会认为你就是那种样子，所以你很难表现真实的自己，久而久之，虽然你还是"人来疯"，可是人走了以后你就可能觉得空虚、孤单。

所以，请试着告诉大家"我今天心情不好"之类的话吧。你不需要永远是带给团队欢乐的人，不需要永远是团队的"润滑剂"，不需要永远是大家吵架时的和事佬。虽然一开始你可能觉得表现真实的情绪有点儿尴尬、不太舒服，但你如果想要关系维持得长久，就还是需要在他人面前表现真实的自己。

你也可以练习说"不"，特别是当他人突然问你问题、提出要求时。你不要马上回答，而要先花点儿时间想一下。你如果不想答应他人的要求，就现在说"不"。虽然你当下可能感到尴尬或不舒服，但如果你先说"好"再勉强自己，之后反而会痛苦更久。

再来就是对未来的打算，你不需要做什么短期、中期、长期的计划，但心中还是需要有一颗"北极星"，让你知道自己在往哪一个方向发展。你也许想要往心理学或国外发展，那么你虽然可以不用想得非常细，但是还是要花一些时间静下来思考自己的愿景是什么。也许对现在的你来说未来真的太远，可是如果没有愿景，你每天做的事情可能就不一样，就没有办法累积经验，因而距离理想越来越远。

如果你真的想要达成什么事情，我建议你使用愿景板（vision board），把愿景打印出来或写下来放在床头，例如在 3 个月内健身要练成什么样子或考上什么学校，取得什么资格。你可以把愿景板贴得到处都是，让自己在每一次快要分心时意识到"这是我做这件事的原因，这是我的信念"。你可以通过这个方式提醒自己专注于所做的事、提高自律性。

当然，你如果因为搜集到了更多信息而下定决心改变目标，也不要太责备自己三分钟热度。每个人都可以因为情况变化而做不同的决定，你要知道灵活调整自己是你的优点，不要为了开发自己的另一面就磨灭了自己的优势。

完整的 ESFP 对未来有比较清楚又符合信念的想象。你做决定时会想到一年或十年之后自己会满意这个选择吗？会想到现在这么做对自己的未来好吗？你也会勇于面对棘手的问题，不会出于逃避而做出不合理或伤害自己的决定。

你带给世界的礼物是：

『理解人性，通过灵活应对，增加团队的生活乐趣。』

社交"润滑剂"

灵活

人缘好

致 ESTP：
"事前演练是为了上场充分发挥实力。"

ESTP 是最符合你的类型吗？

☐ 你倾向于运用逻辑，用当下既有的信息来做决定。

☐ 你在大多数情况下有能力简化并立刻解决问题，但有时候会把问题想得太简单。

☐ 你常常上场表演，或临场表现优于练习表现。

☐ 你不太喜欢太详细地规划人生或想得太远。

身边的人可能这样形容你：

☐ 实际	☐ 观察力强	☐ 行动导向	☐ 没耐心
☐ 讲话直接	☐ 反应快	☐ 机灵	☐ 善于变通
☐ 投机	☐ 有效率	☐ 理性	☐ 同理心不足
☐ 兴趣多而不精	☐ 做事擅长化繁为简		☐ 不喜欢事先规划

※ 你如果想初步探索 ESTP 有多符合你，可以参考以上叙述与你相符的程度。但请务必注意，以上并非 MBTI 官方的正式自评量表，千万不要以此认定你的人格类型。

《辛普森一家》(*The Simpsons*)的主角巴特就是很典型的 ESTP。他幽默、活泼、人缘好,喜欢尝试不同的事物,无论那些事物符不符合社会的期待。他讲话很直接,对他人的情绪不太敏感,是大人眼中的调皮鬼,不管是在家中还是在学校都喜欢挑战权威,让大人和他非常守规矩的妹妹都很受不了。

(特质) 用"慢速播放"看高速变动的环境

你善于用感官从外界获取信息。打个比方,和其他人相比,你就像《黑客帝国》里可以下腰躲避子弹的尼奥,可以"慢速播放"发生的事件、把每个细节都看得很清楚,进而从容地随机应变。因为你需要感官刺激,所以你对外界比较有兴趣和好奇心,如果处在没什么变化的环境里,你很容易感到无聊。

当你通过感官闻到、看到、听到一些信息之后,你倾向于用逻辑来分析,为什么这里有这样的味道、为什么自己看到的状况是这个样貌。通过这种方式,你渐渐会看懂他人的一颦一笑代表什么意思,懂得怎么"读人"。

当你的感官可以受到刺激、获得很多新鲜的信息,而你能通过分析信息快速应对外界时,你就会进入心流状态。善于进行即兴表演、做政府事务或进行各类运动的人都是明显的 ESTP。比如在打球时,球员要专心看着球然后做出反应,而非纸上谈兵,这类活动都可能很适合你。

你对人一般都会直来直往，也不吝"指教"人，或说一些很幽默、讽刺的话。碰到喜欢的人，你可能故意逗他们，想让他们跟你多一些互动（但有时这会起到反效果，因为有些人不太开得起玩笑）；即使他们犯了错或表现出很强烈的情绪，你也可以包容（这种包容对 ESTP 来说相对不容易，而 ESFP 就比较擅长）他们。

你通常不太喜欢给出承诺或听他人的心碎故事，但为了爱的人，你可能愿意事先规划一些事情，也多一些时间倾听、多一些包容。

关卡 渴望肾上腺素水平升高，给自己制造麻烦

你可能过度沉浸在追求感官刺激上，渴望肾上腺素水平升高，但真实的人生不一定有非常多令人感到刺激的事情。你如果是上班族，就不可能天天打球、登山，于是你可能下意识"找事"，例如忽然挑他人毛病，或找人吵架再和好。请在自己想"找事"时务必问问自己这样做符不符合逻辑，不然你很可能常常过于关注外界，给自己制造麻烦。

当人生不顺时，你可能对未来有不安全感，甚至产生很大的恐惧感，让你更不想规划未来、更沉迷于当下的享乐。

你非常重视逻辑，但也懂得同理他人，因此如果发展得好，你可能变成路见不平，拔刀相助的"侠客"，也会照顾弱小；但

是如果你没有发展得好或压力太大，你就可能得过且过，或想要迎合、煽动他人，说得夸张一点儿就是"见人说人话，见鬼说鬼话"。

在压力驱使下，你也可能变得过于就事论事，对人际关系不耐烦，觉得不要拖泥带水，因而给人"冷血"的感觉。就比如你正在跟死对头打架，正忙着攻防，而这时你还需要背着一个人、顾及他人的想法，你就会觉得背不了、做不到，想避免自己被束手束脚。

如果遇到一板一眼的人，每件事都规划得事无巨细再"照表上课"，你就会很反感。对你来说，这些人是难以沟通的"老古板"，不懂随机应变，就算看到做法不正确，他们也宁愿照着规矩来、不考虑正确与否。

你看待过度情绪化或很容易难过的人，与其说讨厌，不如说你有时不太懂为什么他们会这样。尤其是很容易被你的言语或行动刺伤的人，你可能不太懂为什么他们这么"玻璃心"。

但请想想，如果每个人每天都要挑战所有的制度和规范，那么社会如何约束伤人的行为，又如何让大家觉得安全？有些事情无法临时准备，就像你不太可能在假期订到热门的度假胜地的房间，也不太可能临时经营人脉来找人帮忙写推荐函。

提醒 灵活应变，也能欣赏循规蹈矩

你善于随机应变，如果从小就习惯了这样，那么你长大之后可能变成龟兔赛跑里的兔子。例如，小时候被老师叫上台演讲，你没有事先做准备，但是一上台还是可以讲得很好，久而久之你就可能觉得"自己不用准备也可以见招拆招"。但请想想看，你在没有做准备的情况下常常能达到 80 分，如果事先多一些准备，你就可能提升到 90 分甚至 100 分了。

所以，事先的准备与规划对你还是很有帮助的，能让你有更扎实的能力，日后得以发挥更大的潜力、随机应变得更好。假如忽略了这点，你可能容易流于表面功夫，格局做不大，变得只能求生存，不能达到更高的境界。

当然，你规划的时候不一定要很刻板、把每个细节都定得很清楚，你可以规划大一点儿的目标、里程碑，让你知道往哪个方向走，避免随波逐流。

另外，我建议你多多发展逻辑，做完一件事情后反思一下，回想当初期待发生什么事情、实际状况又是如何、哪里和自己的想象不一样，并进一步思考原因何在、未来可以怎么做。

你的观察力非常强，可以看到他人没注意到的一瞬间，譬如老师皱眉头、爸爸憋笑的那一刻。出于有这样的特质，你如果还没好好发展逻辑，就可能即使看到了一些状况，也没有应对措施。

　　但是长大后，你要记住就算注意到了他人当下的状况，也不一定要浪费力气去应对。你可以先想一下"什么对自己比较重要""自己想要什么""这样应对对自己有没有帮助"。想过之后，你可能发现有些状况可以顺势发展或可以当作没看到。

　　你比较容易注意到感官当下察觉到的问题，比如你感觉某人对你讲的话很消极或你看到某人发脾气，就觉得他们的脾气很糟，但这些其实都只是问题的表象，实际的根源需要你挖得更深一点儿才能知道。

　　例如，说话负面的人在他们的成长环境中是否比较辛苦，让他们常常感受到事与愿违？或他们的父母也用这样的方式对待他们？发脾气的人有没有可能是出于一时的情绪（也许刚刚跟人分手），而现在的状态其实和他平常的表现有很大的差别？在下定论之前，你可以多想一些，这样也能加深你对自己和他人的了解。

　　如果你发现自己在工作时开始有些烦躁不安，那么我建议你做些运动或试着一心二用，例如一边开电话会议一边走路或一边做伸展运动一边听歌，这样或许反而可以让你更专注一些。

　　最后一个提醒就是，只要多一些同理心，你的人际关系就可以很好。也许你容易疑惑为什么他人这么烦，一直要挑毛病或发脾气，但你要理解，对很多人来说，随机应变和没有规划是压力的来源。因为你太灵活了，让人感觉像一匹不受控的野马，不按常理出牌，会让一些人很紧张。

　　完整的 ESTP 愿意持续提升自己、学习分辨哪些事情需要提前准备，同时也能了解界线，看出哪些时候有必要"循规蹈矩"。这样的你，将能找出适合灵活应变的灰色地带，进而充分展现实力。

你带给世界的礼物是：

『冷静灵活，能主动出击，又能快速接招。』

\# 活在当下
\# 观察入微
\# 耳听八方

第 六 章

IN_J：用内在逻辑看到
未来趋势

　　在《圣经》中，诺亚盖了方舟，带着所有物种躲避了灾难。IN_J 成为完整的自己之后，就是现代社会的诺亚。他们能预见问题，在他人措手不及的时候伸出援手；他们也能活在当下，不会只想着未来要去哪里找水救火，却连家里都烧光了还不自知。

IN_J 和你有几分像？

你在 35 岁之前……

☐ 有时会先知道什么事情该做，之后才知道原因是什么。常有灵光一闪的时候。做事情会先想到未来的可能性。

☐ 倾向于有计划地生活，但受不了一成不变的工作。能跳出自己的思考框架来理解他人的想法或看到未来的可能性，不太活在当下。

☐ 有时会沉浸在思绪中而没有察觉（没听到、没看到等）当下发生的事情。

☐ 倾向于从反思或独处中获得能量，如果独处的时间太少，会觉得虚脱。

※ 你如果想初步探索 INTJ/INFJ 有多符合你，可以参考以上叙述与你相符的程度。但请务必注意，以上并非 MBTI 官方的正式自评量表，千万不要以此认定你的人格类型。

IN_J 常常因为自己像先知而吓到自己或他人，准确程度让人误以为他们偷装了监视器。但是为什么会这样，IN_J 年轻时也无法解释，他们就是有种很强烈的感觉。

当 IN_J 告诉他人他们的直觉时，如果是好的，大家就会感激他们；但如果是不好的，那么大家可能不是觉得他乌鸦嘴，就是觉得被诅咒，总之这些反馈都会让 IN_J 很难过。也许因为这样，IN_J 久而久之就不太愿意分享看法，也让人更难理解他们为什么做出某些决定。

IN_J 深信自己看到的未来趋势必然发生，只是时间早晚的问题。因此，他们的所作所为都是在为未来做准备，不管是为了事业发展，或是日后协助他人疗伤，他们也因此常常可以在他人措手不及时伸出援手。但是 IN_J 忘了"吸引力法则"——也就是越关注的事情越容易发生——因此，有时事情之所以会发生，并不是因为他们的直觉准，而是因为这件事是他们自己创造出来的。

用直觉看到未来的图景

IN_J 很容易活在自己的脑海里面，不断消化自己观察到的所有事情之间的联结、大局的样貌、世界的规律，例如"A 会让 B 发生""B 会让 C 发生"，同时思考可以用什么理论来解释。IN_J 在充分发挥特质时，可以发展出很多论述，甚至预测未来的事情。

IN_J 听到他人说的话会多想背后的意义是什么，所以很容易看懂一些符号与象征，讲话也喜欢用比喻。很有名的《达·芬奇密码》（*The Da Vinci Code*）就比较像 IN_J 会喜欢的书。因为 IN_J 把想法都放在心里，所以其他人不太理解他们在想什么。

IN_J 如果没有持续探索、扩充直觉，就可能卡在比较狭隘的想法中，只能看到模糊的规律或趋势。例如，你玩连点成画，总要有够多的点，连成的图像的意义才会清楚。如果只有三四个点，那么连成的图像的意义就会比较含混。

他们如果还没有发展得很好就过度信赖直觉，就可能押错宝，浪费很多资源，做错误的准备。如果有了几次这样的经验，他们可能就不再相信直觉，转而过度仰赖大家的说法，什么事情都要再三询问，或过一天算一天，完全不为未来做规划。他们也可能走向另一个极端，即使所有线索都指出他们的预想并不实际，他们也还是继续追逐自己的梦，不愿意放手，觉得只是时机未到。

他人可能无法理解你

因为在内心消化信息，他人从外面看不出来，所以 IN_J 可能显得表里不一，常让人摸不透。因此大家对他们的印象和他们的本性有很大的反差。例如，整个人看起来很文静，适合按部就班的生活，却有一颗灵活有创意的心；抑或是看似很有创意、很灵活的人，却异常希望有确定的时间表与工作架构。

IN_J 不管表象如何，都必须多多培养沟通能力。无论是写作还是聊天，IN_J 都要清楚表达自己的想法，让大家可以理解，不然很可能被当作疯子。

虽然 IN_J 的两种类型都能看到未来的可能性，但他们的表象可能相差十万八千里：INTJ 可能看似冷漠；INFJ 则看起来温暖又友善。但无论如何，他们都有强烈的直觉，也善于专注于看到未来的可能性。

想着找水，但家里已经烧光了

IN_J 可能太专注于思考，加上内在世界的信息太多，需要长时间独处才能消化并发现信息之间的联系。如果没有被特别提醒，那么他们对身体感官所搜集的信息通常都不太敏感，对这方面的反应也比较慢；他们也可能不相信感官获得的信息，尤其是当这些信息和他们内在的想象或感受不同的时候。所以，IN_J 有时会忽略一些外界信息，这让旁人感到惊讶。

他人就算了解 IN_J 的特质，也很欣赏，但有时仍可能因为他们没有活在当下而感到困扰。正所谓"远水救不了近火"，IN_J 一直想着去哪里找水，但是在找的过程中家里都烧光了还不自知。

IN_J 在压力大而被触发应激时，可能大吃大喝或沉迷于一些身体的欲望（也就是放纵自己），或完全跟自己的身体切断联结，例如专注于研究而好几天不吃饭。

现代社会的诺亚

IN_J 的学业发展通常还不错，他们不需要做中学就可以通过看书或看视频来把所有信息联系起来、举一反三，所以在一般的东亚教育系统里，IN_J 往往从小成绩都不差。

对他们来说，比较困难的可能是需要通过感官学习的技能，例如跳舞、开车等，这并不是说他们在这方面不能做得很好，如果他们意识到这项技能是未来必备的或可以带来成功的机会，将学会这项技能定为目标，那么他们就会铆起劲来学，最后可能学得比容易上手的人还好。

成功的 IN_J 会多多了解自己直觉的来源，也会通过逻辑来了解为什么自己会有这些想法，并以过去的经验来观察自己预估能力的准确度，在"过度相信直觉"与"根据既有资源推导结论"之间找到界线，再运用自己的能力来协助团队为未来做准备。

在《圣经》中，诺亚盖了方舟，并带着所有物种躲避了灾难。IN_J 发展得好时，他们就是现代社会的诺亚。

致 INTJ：
"让他人听得懂也是一种智慧。"

INTJ 是最符合你的类型吗？

☐ 你偏向通过思考，用逻辑做决定。

☐ 你会从宏观的角度看事情，能迅速看到新信息和整体之间的
　关系。

☐ 无论权威或大多数人的意见如何，你都相信自己的洞察力。

☐ 你觉得例行性工作会磨灭你的创意。

身边的人可能这样形容你：

☐ 谨慎	☐ 勤奋	☐ 逻辑清楚	☐ 深思熟虑
☐ 有条不紊	☐ 沉稳	☐ 冷漠	☐ 喜欢独处
☐ 强势	☐ 自以为是	☐ 有远见	☐ 有洞察力
☐ 有创造力	☐ 喜爱思考	☐ 想太多	

※ 你如果想初步探索 INTJ 有多符合你，可以参考以上叙述与你相符的程
　度。但请务必注意，以上并非 MBTI 官方的正式自评量表，千万不要以
　此认定你的人格类型。

《哈利·波特》中最让我心疼的角色就是斯内普，他可能是INTJ。这位一直到最后一集之前我都以为是反派的人物，最后我才发现他其实有一个深情又伤痕累累的灵魂。为了自己所爱的人，他一直通过自己的预知能力来做"正确"的事情，包含保护哈利·波特这些他不喜欢的人。

另一位可能的INTJ，就是美国著名电视剧《豪斯医生》（*House M.D.*）的主角豪斯医生。他的人设雏形是侦探福尔摩斯，而他最厉害的地方就是看到一个病人的症状，可以很快预估接下来会发生什么状况。他的预测如果对了，就代表他了解病人得了什么病。

他的举止像福尔摩斯一样"无礼"，因为对他来说，治好病人最重要，礼节根本不算什么，他也不在意他人是否喜欢他。

特质 看见趋势，默默替人预先做准备

你善于看到未来的趋势和可能性，并能想出如何达到未来的目标。你如果可以把心里已经成形的想法、理论、预测用有逻辑的方式告诉他人，让他们也理解你所看到的未来，那么你就会成为大家所尊崇的"先知"。

专心研究感兴趣的题目、探索未来的可能性，并利用整合能力做一些尝试来确认自己的论述，或为未来的趋势做准备，都能让你进入心流状态。

你是比较内敛的人，所以爱人的方式不太明显，很多时候不够

了解你的人可能感受不到你的付出，或把你当成没什么情感的人，但其实你很愿意为所爱的人付出（你很挑，所以真的爱的人不多）。你可能只愿意跟对方分享心里话，或根据对未来的预测为他做一些准备，例如只跟你爱的人说你对经济趋势的分析，或根据这些预测先帮他做一些投资。

不过，因为你的预测并非每次都准，加上你的付出往往都需要时间才能被看得出来，所以如果没有相处过一段时间，对方可能感受不到。

你不是社交活跃或喜欢谈情感的人，但如果真的遇到听得懂你的话，也懂得欣赏你的知己，你其实是可以释放情感的。但是在碰到这样的人之前，也许是因为小时候遭遇了太多挫折，所以你选择把门关起来，再加上可以完全理解你思考方式的人并不多，就导致很多 INTJ 很早就理解＂伴侣＂可遇不可求。

关卡 说不清楚，好构想也变成空谈

你可能过度相信直觉，觉得自己已经深思熟虑了，或自己的直觉绝对没错，应该加以应用；你可能觉得自己的信念大过一切，例如坚持＂我要改变世界的媒体业态！＂的想法。你的心态可能因此变成＂我不管其他人怎么想＂＂其他人的意见其实不重要＂；你可能认定＂重要的是我要做对的事情＂＂反正这是对的事情，我应该做＂＂对的事情应该就是这个样子＂。

因为你比较倾向于看大方向，所以你可能忽略一些重要的细节，尤其是当你已经有一些成功的经验时，你可能更听不进他人的建议，最后才发现现实和你的想象差得很多，因而犯下令人讶异的错误。

例如，在大家看来聪明绝顶的马斯克在并购推特后，一心急着打造理想的社交媒体，做了一连串令人傻眼的决策，比如把重要员工开除，之后他才发现他们不可或缺，只好重新招募回来。

你可能变成完美主义者，对自己和他人吹毛求疵，觉得大家都应该做"对"的事情，当他人没做到时，你就觉得："为什么你没有做对的事情？为什么他人看不到我所看到的？难道大家都这么笨？大家为什么会做这么奇怪的决定、说这么离谱的话？"

你可能因为这样的感受而感觉被人伤到，甚至选择远离人群；或变得愤世嫉俗，觉得"好啦，反正大家都是很笨，听不懂我在讲什么，那我做我该做的事情、讲我该讲的话就好了"。

然而，如果你没有好好训练表达能力，那么他人就真的看不到你其实是很棒的"预言家"，反而可能觉得你像疯子，一直讲没有人听得懂的东西，就好像那些在马路上告诉大家"未来可以在火星……"或"世界末日要到了"的人。

此外，如果你没有培养执行力，那么就算有很棒的构想（例如，你发现做某某生意一定会成功）也无法被落实，容易变成空谈。

在压力大的时候，你可能过度在意一件事情跟你的核心价值有什么联结，变得钻牛角尖，或可能完全忽略自己的感受，只专注于你觉得应该做的事情。

　　例如，你是产品研发或设计者，在压力大的时候，你就可能过度执着于自己的信念（例如"产品必须环保"），不考虑可能增加的成本，也可能完全放弃自身理念，只根据成本来设计一个没有灵魂的产品。

　　你可能讨厌他人不考虑未来的可能情况，导致事情出差错。对你来说，做决定怎么可以不看看未来的趋势、考虑世界的变化呢？因此，你也可能受不了墨守成规的人，觉得他们不会变通、无法走向未来。

　　对活在当下的人，你可能既羡慕又讨厌。你羡慕他们好像可以把所有问题单纯化，享受每一分钟，同时你又觉得这些人以后该怎么办，他们都没有为未来做规划。

　　但是，这些人也有值得被欣赏的地方。就像小村落里的井水渐渐枯竭了，一定要有人去外界找水源，但也不能每个人都出去找，每天该做的事情还是需要有人处理。

　　另外，人类的生存也非常需要活在当下、仰赖自身感官来做决定的人。这些人可能嗅觉敏锐、可能肢体反应快，或可以眼观六路、耳听八方。每个团队都需要这种类型的人才能发展，这种类型的人可以让你安心规划未来！

提醒　当个月亮，在暗夜中照亮大家的路

　　你也许因为常常可以预测到未来的趋势，容易获得成功的经验，而被完美主义束缚。你可能觉得要把未来的事情都想得很清

楚，才能跨出第一步，变得无法付诸行动，生怕自己失败、做得不对。但如果不跨出那一步，你又怎么知道你对未来的预测是否正确呢？所以你要把失败当成计划的一部分，这样你就不会被自己的完美主义"绑架"。

你也要记住空有完美的想法并不够，执行力也需要你好好练习、提升。有时你脑中演练的事情会和实际的落实、执行有落差，而你只有在积累了经验后才能接受这些落差。

有时你太活在未来和所有的可能性之中，没有专注于当下，所以你可以尝试打坐、练瑜伽、上品酒课，或进行一些需要及时做出反应的运动，借此开发身体与情感的联结。

曾有 INTJ 的朋友留言给我，提到自己希望做一个"小太阳"却做不到。我要说的是，你不需要强迫自己去做和自己的本性完全不一样的人，就像你不能把仙人掌泡在水里。你的天赋是进行内在思考与拥有细腻的观察力，因此你可以做"预言家"，帮助他人在未来不要受伤。所以，你也许不像太阳那样热情。比起做太阳，你可能更适合做月亮，在黑暗中当一盏明灯，照亮大家的路。

完整的 INTJ 可以预见未来的可能性，也理解必须活在当下才能随时观察到趋势的改变。你在研究未来的可能性时会考虑自己的信念与感官获得的信息，同时开始训练表达能力、整合能力和执行力，以便可以清楚地跟他人交流自己看到的愿景。你不会在讨论理论时斤斤计较、陷入细节的黑洞（比如应该用哪个专有名词才精确），你会记得为什么要讨论这件事，并专注于大局。

你带给世界的礼物是：

「纵观全局，从联结中洞察世界趋势。」

\# 前瞻性

\# 理智

\# 预测力

致 INFJ：
"不要忘记留一点儿大爱给自己。"

INFJ 是最符合你的类型吗？

☐ 你倾向于用自己的价值观来做决定，也忠于能体现你价值观的人或组织，对价值观与你不同的人不太感兴趣。

☐ 你追求生命的意义、人与人之间的联结，善于站在他人的角度去了解他人，但不太理会和他们内心无关的细节。

☐ 你很会使用符号和比喻，心里常产生许多复杂的构想和见解。

☐ 你很能与他人共感，就算是对不熟的人或在他人刻意不想让你知道某件事时也一样。

身边的人可能这样形容你：

☐ 有大爱	☐ 不拘小节	☐ 有见解	☐ 有创意
☐ 理想化	☐ 敏感	☐ 敏锐	☐ 慢热
☐ 有同理心	☐ 真诚	☐ 谦逊	☐ 顺从
☐ 神秘	☐ 很好的听众	☐ 外冷内热	

※ 你如果想初步探索 INFJ 有多符合你，可以参考以上叙述与你相符的程度。但请务必注意，以上并非 MBTI 官方的正式自评量表，千万不要以此认定你的人格类型。

在最后一部《哈利·波特》中，邓布利多留给哈利与罗恩的遗物让他们得以克服重重难关，也让他们在冲突后可以和解。因此，大家对邓布利多的先见之明都啧啧称奇，而这正是 INFJ 的独特能力。作者 J.K. 罗琳曾告诉大家她自己就是 INFJ。也许她因此才更能体会每个角色的情感，才能有非常强大的想象力，写出《哈利·波特》这样的经典小说。

另外，著名的迪士尼动画电影《冰雪奇缘》（*Frozen*）中的艾莎也有 INFJ 的特质。她因为自己的能力不小心伤了妹妹而选择将自己关起来，跟自己爱的人隔离。我猜她除了害怕再次伤到他人，也无法承受看到他人悲伤。

她在经典歌曲《随它吧》（*Let It Go*）中唱出她要放下，放下在意其他人对她说的话，放下自己的恐惧，不再让恐惧控制自己……这首歌非常受欢迎，不只是因为旋律，也是因为歌词让许多人，尤其是 INFJ 产生了共鸣，这应该成为 INFJ 的代表歌曲。

特质 他人不用说，你就懂了

你可以很快看到未来的可能性，因而有很强烈的"直觉"；你也对他人的情绪非常敏感，特别在意大家的沟通与和谐。不过，与其说你很在意身边人的感受，更贴切的说法是你会不由自主被他人的情绪影响，所以你希望大家不要有太多的负面情绪。

INFJ 的你和 ISFJ 不同。ISFJ 对自己所爱与关心的人有这种敏锐度，但是对你来说，可能连路人甲都可以影响你。你如果是非常敏感的 INFJ，那么你走进一个房间后，甚至可以马上感受到这房间里的人之前的磁场。

你常常可以通过一对情侣的细微动作来推断他们以后会如何发展、会不会分手；你可以通过老板讲的一句话，联想到未来整个团队的氛围会变成什么样。这是因为你从小就在观察与联结，比方说小时候肚子饿了，闻到妈妈的气味之后喝奶，你的心情就会平静，于是你发现妈妈的气味可以跟心情平静产生联结；当妈妈和朋友聚餐后心情会变好，你这时做错事就不太可能被骂，你就记住了"妈妈聚餐后，我也会比较放松"。

你慢慢在心里一层一层累积了很多这类联结，它们变成了你的直觉，但是你很难向其他人解释你为什么这样推断，就是说不出原因。

你有很强的执行力，但前提是找到跟自己的核心价值有联结的事情。你不太喜欢每天做固定的事情，这会让你难以发挥创意、无法运用直觉，因而觉得很压抑。如果一件事情让你觉得没有价值或太市侩、太俗气，那么你其实也不屑去做。

好好运用预测到的未来与趋势来帮助其他人免受伤害，或提升他人、教导他人，会让你进入心流状态。所以诸如当老师、心理咨询师或人力资源专员这类的工作都可以让你运用自己的才华，让你处在很舒服的状态。但有一点要小心，这样的工作跟人有太多直接的联结，你可能需要设定一个界线，不要让自己或其他人越界，不然你可能从心流状态陷落到负面情绪中。

因为 INFJ 可能事先预料到一些状况，所以他们会为爱的人先做准备，或提醒他们，希望他们不要受伤。比方说，你认为朋友和某人的感情状况不是很好，你可能告诉对方"你们不应该在一起，因为个性不合，未来会走不下去"。虽然你的预料通常是对的，但是朋友在当下可能觉得很不舒服。

你也可能因为即使说了自己的想法人家也常常听不懂，所以对你爱的人，你就直接有所动作，但是不说原因，就像邓布利多只把遗物留给哈利和罗恩，却没告诉他们怎么用一样。

关卡 助人过江的泥菩萨

如果你没有吸收更多知识，让自己有更多的人生经验，你就可能把自己局限在比较小的格局里面，看不到大局。例如，你可以预见某一对你关心的情侣如果再吵下去就会面临分手的结局，但你没有足够的人生经验，不知道他们两个并不适合彼此或分手可以让他们成长，你就可能因此陷入焦虑，为他们担心。

你希望帮助他人，但是如果压力太大，你就可能泥菩萨过江——自身难保。也许你看清了局势，用尽全力确保他人安全、不受伤，却牺牲了自己；也许你的表达方式不是他人可以接受的，结果"热脸贴冷屁股"：你一直想帮助他人，他人却觉得你"二百五""很啰唆""又没有要你帮忙你干吗过来"，这时你就会受伤。

你遇到挫折时，可能觉得"反正大家都不知道我在想什么"或"大家都不理解我"，于是选择进行过于有逻辑的思考，完全不考虑情感因素。就像艾莎不小心伤了妹妹之后决定把自己关起来，宁可变成冷冰冰的人，也不要再让自己或他人受伤害。

你非常关怀、爱护他人，甚至会把他人的需求放在自己的前面。因为你太能够同理，是非常好的听众，因此他人会对你诉苦。即使你们个性不一样，但他人往往只要讲一两句话，你也全都懂了，还能感同身受。

也有人说极致的 INFJ 可能看透人心，大家可能质疑"你怎么会知道我心里在想什么，你是不是偷看我的日记""你到底为什么知道我这么多事情"，所以你也许会把这样的天赋藏起来，不太愿意告诉他人。

此外，因为你可能比你爱的人更难过，导致有些人为了保护你，反而不愿意把问题告诉你。

你年纪还小的时候，有时你也搞不清楚负面情绪是从哪里吸收来的，或不知道为什么自己的心情会忽然变得这么差；你也可能知道原因，但还不了解如何释放压力。这时你会很辛苦，因为你能很快看到他人的需求、他人在难过什么、又是什么原因让他人难过，你随时"扛着"身边所有人的负面情绪，可能因为吸收太多而虚脱。如果哪天忽然你爆发，痛苦万分，觉得没有办法再在这个环境待下去，其他人就会困惑你这个人怎么了，或觉得"难过是当事人的事，你只是旁观者，干吗这么心急、这么激动"。

你承受不住时也可能过度理性分析。你可能变得不谈感情，一切都照逻辑来，一就是一，二就是二。但这不是你的本性，你更像是因为怕痛，所以才干脆"自断手脚"，让自己不容易受伤。这让你没有办法发展成最完整的自己，无法把自己的天赋带给这个世界。

INFJ 虽然好像有着大地之母的大爱，但是可能依然看不下去一些人的所作所为。你可能最难理解活在当下的人，他们明明知道自己会受伤，或所作所为可能伤害身边的人，却还是一意孤行。你也可能羡慕或讨厌少根筋的人，觉得这些人不是看不懂人家的脸色，就是根本不在乎。

但请想一想，如果每个人都太有同理心，太容易被其他人的情感牵绊，那么人们就会处在一个"情绪勒索"的社会中，都会因为担心吸收负面情绪而不敢有所作为、突破现状、展现自己，这样的社会可能就无法进步。

提醒 先穿好自己的救生衣

我知道你是很有爱的人，也可以理解你承受了非常大的情绪压力，我可以想象，如果所有人的情绪都会被你不由自主地吸收，这对你来说会是非常沉重的事情。

所以我建议你先厘清自己的需求是什么，把它顾好再学着找到界线，让自己知道自己什么时候快"爆"了、没有办法再承受，并在这时说"不"，适当拒绝他人，就算他人会难过也要拒绝。这就像在乘坐飞机遭遇事故时，你要先穿好自己的救生衣，才能帮助他人穿救生衣。

请记住"从他人的状态出发"。有些人还没有准备好接受事实，他们坚信自己和他人不一样，有能力改变一切。当他人没有向你求救时，就算你想帮忙，也要学会找到界线，判断自己什么时候要出手、什么时候不要。这是你可以学习、发展的能力。

此外，我建议你不要因为受了伤，就觉得"算了，我不要再这么感情用事，我再也不要管其他人了"。因为这是你的天赋，你如果不去使用它，你的人生就过得不圆满。你需要发展出排解情绪与压力的方法，例如做瑜伽、打坐。就像水库一直在蓄水，有时也要泄洪，不然水一直累积，总有一天会溢出来。

你不太会主动讲自己的需求，而是希望他人默默看到，如果他人没有看到，你就会很伤心，觉得自己不受重视。但我建议你，其他人不一定不爱你、不关心你，只是他们可能本就大大咧咧，不像你这么心思细腻，有时候真的看不到你的需求，或觉得"你想要什么就说嘛，你讲了我一定会做"。

所以，与其默默期待，不如试着大胆地把需求告诉对方，不要觉得丢脸。如果你提出来了，对方也做到了，那就是双赢；相反地，如果你讲了对方却不理你，你就知道这个人不值得再期待。

做瑜伽和打坐可以让你跟感官产生更多联结，也能帮你学会活在当下。你也可以进行跳舞之类的运动，一则能抒发情绪；二则能让身体分泌快乐荷尔蒙。你也可以在每天早上和他人相处前，先进行冥想，想象身旁有着像保护膜一样的光围着自己，通过这样的方式来保护自己、划清界线。

完整的 INFJ 可以照顾好自身情绪，也懂得找寻快乐，知道什么时候可以运用自己独特的功能来感受他人的需求、看到世界上的不幸，进而更有效地帮助他人。这样的你也懂得什么时候需要排解累积的情绪，不会牺牲自己，从而让自己可以更长久地做喜欢的事情。

你带给世界的礼物是：

「理解隐喻，感受到大家隐藏的情绪。」

\# 共情

\# 同理心

\# 大爱

第 七 章

EN_P：天生配备强大的 "雷达"

"

EN_P 追求外在的可能性，喜欢通过尝试不同的事物来学习。他们天马行空的创意固然很棒，但如果要落实、执行，必须回到'地球本部'，学习如何从头到尾完成一件事。唯有这样，EN_P 才能提出更可能顺利推动的方案。

"

EN_P 和你有几分像？

你在 35 岁之前……

☐ 倾向于看大方向、大局、趋势和规律，不那么注重细节。

☐ 倾向于通过尝试新东西来了解自己，所以有时候会觉得自己太过容易放弃。

☐ 倾向于从外在世界或与他人的互动中获得能量。

☐ 可以通过他人的行为和习惯来预测他未来可能的发展。

☐ 做事情倾向于灵活应对，较不倾向于拟订计划再按部就班执行。

☐ 比较擅长创造新的做事方式。有时可以在死局中看到大家没发现的机会。

☐ 比起井井有条的环境，你觉得自己在混乱中更有精神与能量。

☐ 你因为觉得每次都有新的可能性，所以不太喜欢回顾过去，可能因此犯一些曾经犯过的错误。

☐ 比较排斥被时间和空间框架束缚，会有叛逆的表现或想要逃脱。

※ 你如果想初步探索 ENFP/ENTP 有多符合你，可以参考以上叙述与你相符的程度。但请务必注意，以上并非 MBTI 官方的正式自评量表，千万不要以此认定你的人格类型。

EN_P 像从小喝提神饮料长大一样，天生拥有很强大的"雷达"，而且永远对外全开，也不带过滤器，因此可以一次接收到很多不同的刺激和信息，常常能看到需要改变或可以变得更好的地方。有 E 倾向的 EN_P 可以很快对这些需求做出反应，如果长期练习，这方面的能力会更为明显，这种能力在"乱世"之中特别吃香。

EN_P 擅长通过探索外界、与外界互动来激发学习动机，所以待在家里"好好学习"对他们来说相对痛苦。他们的想法、创意总是很多，会像游乐园打地鼠机里的电动地鼠一样，一直不停地冒出来，但这也让他们容易分心。

EN_P 喜欢根据环境灵活应对生活，对没有外界刺激或界线（不管是时间上还是空间上的界线）/架构太明确的环境感到乏味，处于这些环境中会使他们觉得自己像被关在笼子里的鸟一样，因而失去动力或有负面情绪。

尝试过，才知道喜不喜欢

相较于其他类型，EN_P 不太害怕失败。毕竟尝试后失败总比没尝试过好，对吧？这种特质常常为较保守的人所羡慕。这种"没试过我怎么知道"的方式也可能给 EN_P 带来困扰，因为 EN_P 很难用"想"搞清楚状况，可能觉得有些事情听起来很棒而答应他人，开始做之后才发现这些事情和自己想象得不一样。

这时候他们只有两个选择：向他人道歉，说明自己无法遵守承诺，让他人觉得他们不值得信任；EN_P 当然不想这样，所以可能选择编出很动人的谎言，让他人可以接受他们的半途而废，或合理化他们的选择，维护自我价值。但如果 EN_P 常常这样做，他人可能认为他们"善于操弄"（manipulative）或喜欢逞强。

如果 EN_P 在成长过程中被强调千万不能背信，那么他们可能每次答应后，就算中途发现不喜欢，也会硬着头皮把事情做完，并在这个过程中痛苦万分。久而久之，他们可能害怕尝试新东西，或越来越懂得如何帮自己找借口。

因为"做了才知道"，加上容易被外界分心，所以如果没有定力让自己专注于练习，EN_P 就可能很难达成成就。不过，这也要看他们想达成的成就是什么。是想要人生丰富，什么都尝试过？还是希望成就够"大"？EN_P 要想清楚这一点，才能拟定后续的策略。

喜欢变化，相信无限的可能性

EN_P 的反应很快，即使在混乱之中（比如忽然被点到名），也可以从容应对，因此有可能被高估了智商或情商。他们假如接受了他人的肯定，就可能因此承受一些压力。因为 EN_P 只是反应快，能力却不一定比他人强，所以他们有时可能担心他人发现自己真实的样子。此外，由于 EN_P 在很稳定的环境中不太容易展现优势，所以他们也可能被当作是三分钟热度、有些浮躁、既灵活又有点儿小聪明的人。

整体来说，EN_P 对团队的贡献可能被过度放大（他人看到他们反应快，在大家乱成一团时可以迅速应对），或被过度贬低（他人觉得他们不踏实，因为他们在架构清楚的组织中无法遵守规范）。这会导致 EN_P 年轻时的自我定位起伏很大，有时觉得自己超强，有时又觉得自己什么都不会。

EN_P 可能已经挺幽默了，但对他们来说，学习幽默感还是很重要的。因为 EN_P 常会提出一些思维跳跃的想法，而他们慢慢会发现，九成的人不像自己一样喜欢改变或一直尝试新事物，他们如果不用幽默感包装想法，就容易让人反感、难以消化他们的想法。

EN_P 在看到未来的可能性时，可能就不看重、也不太想理会那些从感官获取的信息，也容易忽略曾经发生过的事。例如，明明某件事发生过好多次了，但他们因为自己没试过，所以可能很固执地觉得"那是因为他人能力没有我好"或"现在状况不一样了，说不定结果会改变"。

如果 EN_P 不幸没有一次预测准未来，那么他们的做法就会受到自己和其他人的质疑；相反地，他们如果第一次就赌对了，就可能被捧上天。他们需要对这两个结果特别小心，因为它们都会对成长有所阻碍。

火星很棒，但记得回到"地球本部"

EN_P 的盲点是"对当下的专注"，对他们来说，待在一个没有办法探索新事物的环境里，每天重复处理当下一定要做的细琐事情，会非常痛苦。因为 EN_P 喜欢新奇的事物及探索可能性，也重视创意，并以自己的创新想法为傲，所以他们不太喜欢参考过去的做法，因此可能花了很多时间白做工。

EN_P 有天马行空的创意固然很棒，但如果要落实执行，还是必须回到“地球本部”。他们需要学习怎么从头到尾完成一件事，只有这么做，才能了解真正落实想法时会面临的挑战。这会让 EN_P 在未来可以提出更可行的方案，另外也会让 EN_P 看到、欣赏善于执行的人的价值（他们可能常常因为人家反应慢而嫌弃人家）。

与其蹲在家空想，不如起身尝试

曾有人向巴菲特请教成功的秘诀。他说，先列出你的前 25 个目标，再从中挑选前 5 名。剩下的 20 个目标，即便你仍然认为很重要，但那些其实也就是你不准自己做的事。如果要获得成功，你必须专注于那 5 件最重要的事情。

我猜要 EN_P 锁定 5 件事情可能不容易，所以我建议 EN_P 多尝试。与其蹲在家里绞尽脑汁地思考“到底要选哪 5 件”，倒不如花些资源去尝试这些事情。他人可能对 EN_P 说这很浪费时间、浪费钱，但是相信我，做这些事情所花的时间绝对比空想花的少，结果也更准确。

在谷歌有一句很有名的话：“如果行不通，那么尽早失败（fail fast）比较好。”这种“早死早超生”的方式很适合 EN_P。EN_P 需要通过多看、多做、多尝试来探索自己，了解自己真的要什么、是什么样的人。他们尝试之后需要整理一下经验、吸取教训，再往前走。

当 EN_P 没有资源可供他们一直尝试时，就会善用自己的好友和想象力。EN_P 可以用编故事的方式想象自己已经开始做这件事，然后请朋友（或自己想象）说出可能遇到的问题，通过这种"情景剧"来思考自己是否喜欢做这件事。

EN_P 在选择退出、转行之前，可以多问问自己："我是因为碰到瓶颈而想要放弃，还是我真的不喜欢做这件事情？"

致 ENFP：
"你并非三分钟热度，探索是你的天赋。"

ENFP 是最符合你的类型吗？

☐ 你喜欢探索符合自己价值观的事物。

☐ 你最期待依照自己当下的心情来尝试不同的东西，不要受到太多限制。

☐ 你的心情有时会有较大的起伏，但是你也不太清楚这是为什么。

身边的人可能这样形容你：

☐ 热情 　　☐ 外向 　　☐ 自动自发 　　☐ 多变

☐ 冲动 　　☐ 风云人物 　　☐ 乐于探索 　　☐ 喜欢交朋友

☐ 情绪起伏大 　　☐ 难以捉摸 　　☐ 没耐心 　　☐ 善变

☐ 三分钟热度 　　☐ 富有创造力 　　☐ 需要被实时肯定

※ 你如果想初步探索 ENFP 有多符合你，可以参考以上叙述与你相符的程度。但请务必注意，以上并非 MBTI 官方的正式自评量表，千万不要以此认定你的人格类型。

金庸小说中的郭襄出生在当时社会中有名望的家庭。她的父母郭靖、黄蓉是当时的英雄，所以她大可以像姐姐一样在家安全地当个千金小姐。但是不愿按部就班的她偷偷离家去冒险。她喜欢认识新朋友，心中也没有什么阶级之分。这位令父母担心的小丫头在闯荡江湖多年后，创立了峨眉派。

虽然小说没有描述她老年的模样，但你可以想象要创立一个武术门派，必须设立些纪律和架构，而这就是ENFP通过探索、学习，变成比较成熟的模样后可以做到的事情。

另外，《海底总动员》（*Finding Nemo*）的多莉可能就是夸张版的 ENFP。多莉心地善良，但只有 3 分钟的记忆，因此引导她的是信念和愿意探索的心，这个角色可以说是用很极端、夸张的方式呈现出了 ENFP 的特质。

特质 探索时需要大方向和空间

你可能是班上最调皮的学生，或是公司里最热情、最愿意尝试的人，假如有新生或新人进来，你常常会热烈欢迎对方，让人觉得你很容易亲近。

你很注重自己的想法和信念。比方说，你在外界探索时发现有很多条路可以走，这时你会根据自己的信念或当下的感觉去判断"什么事情对我最重要／做这件事情我舒不舒服"，再找到适合自己的路。

如果可以给你一个大方向和一些范围（范围很重要，不然你会完全"飘走"，找不到重心），但不限制得太细，让你能不停在外界探索，而你探索的事情又跟你的信念有所联结，你还可以多跟他人互动，再用逻辑分析通过互动得来的信息，你就能进入心流状态。另外，你更需要有一些冒险的机会。如果待在比较保守的地方，有很多局限，或不太能容忍失败与犯错，你的发展就会被压抑。

对你爱的人，你可能观察他们喜欢的东西，再通过创意带给他们惊喜，例如忽然乘飞机去探望分隔两地的恋人。因为你看到自己爱的人获得惊喜，你就会感到很喜悦。你对爱的人也格外包容，很愿意给对方空间做自己，也很有耐心陪伴对方。

关卡 就算有跑车，也不知道往哪里开

你喜欢尝试不同的东西，可以在与外界的互动中找到刺激和学习的动力。但你如果过度关注外界，不停尝试新东西而没有整合你的学习经验，或在尝试前没有想太多，那么就可能花了很多时间，试了很多有趣的东西，而它们却跟自身的信念没有联结，于是你做事情既不长久，也无法累积成果。

你通常很善解人意，善于通过探索看到他人的触发点，比方说你做了什么会激怒对方，或做了什么会让对方很开心。但如果你太专注于让每个人都喜欢你，你就可能很了解他人，却忘了什么才是对自己最重要的，然后某天突然疑惑：自己这么做到底是为了什么？

　　如果你没有尽早了解自己的信念、开启内在的指南针，你就会感到迷茫，就像你有一辆可以开到任何地方的跑车，你却不晓得要往哪里开。在这样的状况下，你可能因为想让他人喜欢你或获得社会的肯定，给出了很多承诺，但踏出一两步后才发现所做的事情并不是自己真的想做的。结果就是：你可能得硬着头皮兑现承诺，完成之后很不开心，只想远离人群；你会半途而废，让他人觉得你很不可靠，答应了又不做。

　　你也可能因为从小受到成长环境的影响，或因为信仰，而变得过度坚持自己的信念。比方说你觉得对老板要忠心、结了婚就不能离，就算你的处境不太好，或外面有很多机会，你还是会坚持不改变。

　　当家人、朋友一直告诉你"现在的状况对你不好""你这样的坚持不合逻辑"时，我建议你反思一下，自己的信念是不是阻碍了自己的成长。

　　在压力大的时候，你可能忽然不讲感情，变得做事情完全以逻辑、效率为导向，只想着赶快把事情做完；你也可能完全放弃逻辑，只在意自己有没有热情。

　　例如，你是产品设计师，平常的你必须平衡产品的设计感和实用性，但是在压力很大的情况下，你可能完全不愿意花时间顾及设计和美感，觉得只要在成本内，看起来丑一点儿也没关系；抑或是你会完全沉浸在设计中，觉得就算产品迟交或成本超出预算也没关系，只要它有独特的设计感，就是个受肯定的艺术品。

你容易在不同的情绪之间来回摇摆，因为你的情感其实非常丰富。当你一切都以效率为标准时，你通常会很不开心。于是，你会转向另一个极端，任凭情绪自由流动。但过了一阵子你又觉得这样不切实际，想要把情绪收起来，再回到使用逻辑的一端。

对你来说，做事情一板一眼、按照 SOP 的人可能令你讨厌。这些人不看重灵活反应，不但看不到你的长处，而且可能局限你的发展。你也不太欣赏一定要实事求是、没有想象力、不太会看脸色的人，你可能觉得他们有些死板，常常搞得场面有点儿僵，让气氛不和谐。

不过，如果大家都在外面探索，每天都尝试新东西、都想发挥创意，谁来维持大家每天的生活秩序呢？如果每个人都重视自己的情绪和感受，谁又能做出困难但必要的决定呢？

提醒　放下束缚你的完美主义

虽然你渴望自由和感性，但是你也不是没有理性，你同样可以发展逻辑。当你完全忽略自己理性的一面，只想做个自由和感性的人，其实你就是没有接受完整的自己，而把那一部分的自己藏起来了。这时你会把注意力放在他人身上，常常觉得身边的人怎么都这么理智、这么没有想象力，而且一直想要你遵守规范。

我建议你花一些时间独处，独处不是什么都不做，而是做一些反思。例如，好好回想最近跟他人的互动或一些事件，为什么自己开心或不开心。多了解自己的情绪，你才能理解自己的信念。当你的"指南针"指得越来越清楚,你就不需要做了以后才知道自己想不想做;你也会慢慢找到平衡,既不会太压抑情感,又不会过于放纵。

这样一来,当他人提出要求时,你就能想一想这件事对自己有什么帮助、是不是自己要的,也就更容易在一开始就好好评估要不要答应他人。你也要学会对和你不相关或你不想做的事情说不。你一旦懂得拒绝,就更能专注于想做的事情,也不会让人觉得你容易变卦、不可靠。

另一个可以被调整的则是"容易分心"的状况。当外界的事物吸引你的目光时,你会觉得这个也好、那个也好,这种时候请记得把自己拉回来,专注于你的信念。

在多方探索、搜集信息的时候,你可能开始做某件事情后才发现这件事情不适合自己,决定退出。比如说他人问你想吃比萨还是泡面,你说比萨,等到真的吃了一口之后,你又说"我现在想吃的是泡面";因为你不吃第一口,就不会知道自己其实想吃的是泡面。但他人可能不知道这是你认识自己的方式,因而觉得你很善变。

只是影响到吃什么倒也还好,偏偏你与人交往时也可能遇到这种问题。也许你自认很喜欢某个人,交往后才发现他和你想象中的不一样,因而可能被认为"很快变心",或很容易就伤了他人的心。

如果遇到这种状况,请你不要把外界的评价放在心上,变得过于自我批判。你可以学习不要太冲动,也可以尝试管理其他人对你的期待,一开始就告诉对方你的状况,这样可能减少你对其他人和自己的伤害。

关于三分钟热度，我还有一个建议，因为你可能很多事情都想试试看，结果买了一堆运动器材、乐器，甚至是登山装备、潜水装备。请记得，每次想尝试一个新的兴趣时，先不要急着花钱，先借这些器具来试试看，等过了 3 个月、6 个月，你发现自己依然很喜欢，然后你再去买，这样可以帮你省下很多钱。

当然，生活中有些情况不是答应之后可以轻易退出的，例如婚姻、工作。我建议你试试冥想，比如你觉得某个工作机会还不错，可是很怕去了 3 天之后就想要离开，这种时候你可以先搜集信息，再通过冥想，想象第一天上班可能遇到什么问题、同事可能怎么对你，而你在那个时候的感受会是什么、是不是真的喜欢这份工作。这样你就会避免上班了以后才发现这份工作不适合你。

对没有截止期限的事情，你通常做得很开心，可是一旦有了时间限制，你就会开始拖延。第一个原因可能是你不清楚自己为什么要做这件事。在这种情况下，你可以试着先找出自身信念跟这件事情的联结，一旦搞清楚了，你就比较能在情绪上说服自己这件事是重要的，也就可以起步了。第二个原因可能是你觉得期限是限制，很烦。这时你先不要一直想着什么时候一定要做完，你会越想越拖延，而要先做做看。另外，因为你可能是完美主义者，很希望做出来的东西让人非常满意，所以你担心做不到那么好的时候也会开始拖延。你可以试试告诉自己"先求有再求好"，因为如果一直想着做到完美，到最后却什么都做不出来，这样就是零分了。先把比较粗略的版本做出来，再慢慢改良就行了。

你要慢慢学会爱自己、知道自己的优势在哪里，你可以多做一些会增加自信心的事情，比如说把某个功能学好。自信心增强了，你也就能把专注力转向内在，这样就不会一直需要他人的注意和赞赏。

完整的 ENFP 就像前面讲的郭襄，成年后整合了小时候的探索经验，并回顾了过去所学的知识。一旦理解了自己的信念，也提升了逻辑和执行力，你最终就能发挥自己的灵活性和人脉来实现目标。

你带给世界的礼物是：

『兴趣广泛，热衷于探索与尝试。』

冲劲十足

好奇心

想做就做

致 ENTP：
"慎选战场，不要赢了战斗，却输了战争。"

ENTP 是最符合你的类型吗?

☐ 你比较喜欢通过逻辑来做不同的尝试。

☐ 如果承担一些来自时间或外界的压力，可能让你做事更有效率。

☐ 你可能常常觉得身边的人不懂得变通或反应太慢。

身边的人可能这样形容你：

☐ 有冒险精神　　☐ 友善　　　☐ 足智多谋　　☐ 虎头蛇尾

☐ 善于找资源　　☐ 坚持己见　☐ 洞察先机　　☐ 容易分心

☐ 追求刺激　　　☐ 灵活　　　☐ 追求新鲜感　☐ 同理心不足

☐ 聪明有余，努力不足　　　　　☐ 容易说错话得罪人

☐ 以自我为中心

※ 你如果想初步探索 ENTP 有多符合你，可以参考以上叙述与你相符的程度。但请务必注意，以上并非 MBTI 官方的正式自评量表，千万不要以此认定你的人格类型。

看过《加勒比海盗》(*Pirates of the Caribbean*)的人很难不被杰克船长的魅力吸引。他是 ENTP，总是不按常理出牌，通过自己的临场反应顺利逃过一劫。

漫威漫画中的英雄"钢铁侠"也是非常典型的 ENTP。他的成就源自他对未来的想象、创新的想法，以及勇于尝试。因为他的智商高（请不要误认为 ENTP 一定特别聪明），所以碰到的问题都可以迎刃而解。但有一点非常重要，他可以持续扩大事业是因为身边有很稳重的得力助理"小辣椒"，而且他也给了助理充分的授权。

你可以从这两个角色的故事发现，ENTP 善于发挥应变能力，常常让人又气又爱。

特质　压力爆棚能让你的战斗力飙升

你比较注重逻辑和正确性，常常要求准确而非速度快。当你在外界探索、搜集信息之后，会分析那些信息是否正确、符不符合逻辑，渐渐地，你的逻辑会越来越清楚，更能准确判断什么是真实或可行的，也能越来越准地预知未来、反应越来越快。

发挥好奇心，多观察他人，去摸索、研究新的东西和未来的可能性，再回来做分析，并想出更新颖的方案，会让你进入心流状态。比如公司遇到了问题一团乱，你就可以很灵活地发现外界的线索，再拼出一个图像，决定现在可以怎么处理问题。跳出框架思考是你非常强的能力。

　　另外，你在压力很大的状况下，大脑会快速运转，打比方说截止日期要到了，需要马上做决定，而你平常可能只用了 30% 的脑力，这时就可能突然暴增到 60%，你的所有想象力可能被完全激发出来，因而让你进入心流状态。有趣的是，你自己不一定知道这一点，因为经过了社会化之后，多数人不会觉得自己喜欢处于混乱的状态，但其实你在问题出现的当下可以充分发挥自己的能力。

　　你很不喜欢给出承诺或被限制，但是对自己爱的人，你愿意遵守规范与流程，让对方比较安心（这对一般人来说可能非常容易，但对 ENTP 来说真的有些困难）。例如，你喜欢临时起意，可能临时约朋友出去玩或带朋友回家，但如果你的伴侣或室友非常排斥没有事先说好的约定时，你会花心思事先安排活动，或就算临时遇到"难能可贵"的机会，也会选择放弃。

　　你也希望带你爱的人接触一些他们没有体验的事物，但你有时会忘记他们曾说过自己不太喜欢哪些事情。对你爱的人，你可以充分授权或给他们空间做自己，对他们犯的错误也会特别包容。

关卡 临场反应太强，聪明反被聪明误

　　如果你从小就没有太多机会探索，或被照顾者认为太过投机取巧，那么你可能没有花过太多时间尝试新事物，这会使你变得很叛逆，常常想着如何破坏规矩、偷偷探索；你也可能遵守规范，但老是觉得空虚，做事提不起劲。

如果你没有尝试太多事物，或太早就有些成功的经验，不曾好好思考自己做的事情从长远来看是否符合逻辑，那么你就可能聪明反被聪明误，自以为想得周到，或因为太专注于临场反应，而做出一些不适合你或身边的人（比如你的团队）的决定。

我记得以前考试的时候，总是有同学很会猜题："这次的出题老师最喜欢出这种题。""老师上次讲这段的时候有多讲一些，这一定会考。"我总是很佩服这些人，因为他们只抓重点，并不会把所有要考的知识点全都背完，所以他们虽然花的时间比较少，但是常常可以考高分。

不过，如果换个角度来看，学习的目的是把知识融会贯通，而不是只用来应付考试，那这样的同学也许就少了一些学习的经验。

对你来说，和团队在一起时是要说实话，还是跟着大家走，这一点你比较拿不准。网络上常常喜欢形容 ENTP 为"辩论狂""杠精"，好像 ENTP 老是爱找架吵，但其实你是在意他人的感受。虽然你有时跟他人辩论，看起来咄咄逼人、一针见血，但其实你讲完以后还是会担心有没有伤到对方、对方会不会很讨厌你。

当你没有好好发展逻辑，或压力大的时候，你可能变得比较极端，不是豁出去直话直说，就要辩到底、争个你死我活，就是完全压抑自己的想法。打比方说，你爱的人讲了不太符合逻辑的话，但你太过在乎对方的想法和感受，怕一开口就伤到对方，便选择不讲出事实。

此外，如果你没有好好锻炼逻辑，思路不够清晰，那么你可能做起事来有满满的热忱，却无法周全地解决问题。我曾经看过一个老板，非常会交际，业务能力也相当强，可以把死马讲成活马，所以常常接到很大的项目。当他接这些项目时，并不会考虑公司实际的人力、时间或资源，只会考虑可以带给大家的名声与利润。所以他接的项目常常受到很多执行人员的质疑，但是他又无法针对执行中遇到的问题提出确切的对策，最后必须仰赖任劳任怨型的成员想出执行计划，才顺利解决问题。

让你最受不了或不想面对的，就是已经有传统做法的事情。你容易觉得这些东西很没有创意，可能质疑："世界不停改变，就算目前用过去的方式没有问题，但我们为什么不去探索更好的可能性呢？"

你也不太愿意专注于当下摸得到、看得到、闻得到的东西。也就是说，你可以很快擘画出大方向、很快打下一片江山，但是在收尾的时候，比如在写详细的执行计划、安排分工时，你容易感到无聊。这也是 ENTP 可能被误解"做事虎头蛇尾"的缘故。

如果你在社会化的过程中被说做事虎头蛇尾，你就可能逼着自己把细节全都做好。但与其学着处理细节，不如接受这就是你的状态，不要给自己贴上虎头蛇尾的标签，而是专注于发展你的强项。

你可以试着管理其他人的期待或找个搭档，让他负责收尾。需要留意的是，这样的伙伴虽然执行力比较强，又能稳稳掌握细节，但他可能也相对保守。你如果忘记抱有感激的心，就可能开始质疑他"怎么这么死脑筋""为什么跟不上我的脚步"。一旦你把对方的特质当成缺陷，你的格局就没办法做大。

虽然网络上常常把 ENTP 说成坏人，但我完全不同意"哪一种类型就一定好或坏"的标签化。我猜，ENTP 被说成坏人是因为他们能很快看到风向改变，又需要做了以后才能理解自己的想法，偏偏社会往往喜欢像郭靖一样"忠厚老实""专情可靠"的主角，所以 ENTP 比较容易被当成"出尔反尔""见风转舵"的人。但对他们来说，这只是识时务者为俊杰罢了。

你可能最讨厌反应慢的人，觉得他们常常听不懂你的话、看不懂你的策略，还会嫌你不按常理出牌。当他们执着于你认为不重要的小细节或繁文缛节时，你觉得他们不懂得看大局；他们即使看到危机，也可能因为路线已经规划好而不愿意转弯，这让你觉得很迂腐。

但就像上文提到的那位老板，他讨厌反应慢、常常对他说"但是老板……"的那些人，最后那些人往往也是帮他想出可行方案并加以落实的人。所以，虽然你可能受不了这种类型的人，但他们是你不可多得的互补人才。

提醒　放慢脚步，不是每天都在"乱世"

你跟人对话时可能太讲究逻辑，而且一定要分输赢，你也可能压抑这一面，搞得自己好憋闷、好难过。我建议你学习如何沟通，比如试着站在他人的角度，或用不太会伤人的方式提出想法。这样一来，你就不会在两个极端之间摇摆，要么讲话伤人，要么什么都不讲。

请慎选战场，不要因为一场战役而输了整个战争。你可能每次听到人家讲话有漏洞或不合逻辑就想要讨论，但这其实也很耗费能量。你的最终目标是"打下江山"，不需要每个细节都跟人家争辩或查个水落石出，有时整体的和谐对团队或家庭更有帮助。所以，你需要取舍。

由于"乱世出英雄"的情况很适合你，所以你可能下意识制造混乱，让自己进入心流状态。例如，团队已经无力承接新项目了，你却忽然丢一个项目出来，坚持一定要做。然而，他人不一定跟得上你，这会使你有些焦躁。对自己的这一部分，你要学着理解、接受，否则你可能觉得怎么每次都会碰到一团乱的状况，需要你来收拾。

你也要知道，不是每天都在"乱世"，所以你应该学习如何在稳定的架构中找到一些可以探索或发挥好奇心的地方，这样你就不太会觉得"这工作好无聊"或"这个地方我真的待不下去了"。

再来，你可能过度自信，当你自认已经很厉害而没有继续在外界探索时，你的策略和远见就会停在某个高度，没办法往上提升。

完整的 ENTP 知道团队内一定要有些规范，也了解每个人的需求和反应速度都不尽相同，因而懂得适时放慢脚步，让身边的人理解自己做决定的逻辑。这样的 ENTP 也会尊重他人的想法和感受，无论他人是否和自己相差很远。ENTP 如果能在"太平时代"遵守界线，同时继续尝试新的东西、累积知识，那么当事情进展不如预期或需要开疆辟土时，就可以站上舞台，充分发挥能力。

你带给世界的礼物是：

『挑战不合理的框架，在「乱世」中带来希望。』

\# 创造

\# 越战越勇

\# 变革

第 八 章

I_TP：重视逻辑与质量管理

"

I_TP 很容易看到问题，又会直说，所以他人可能觉得他们很扫兴。I_TP 必须理解，有时人的情感比逻辑更重要，像是为了救亲人或爱猫而奋不顾身地冲进火场。只要 I_TP 理解但不看轻这一点，那么大家势必就可以看到他们的重要性，并愿意追随他们的脚步。

"

I_TP 和你有几分像?

你在 35 岁之前……

☐ 比较在意事情的正确性。

☐ 倾向于依照逻辑来做决定,更容易跟自己的情绪切割。

☐ 倾向于运用演绎推理,但用不用得好是另一回事。

☐ 当外界的信息太复杂,你也许可以把感官"关"起来,在自己的
世界中分析信息。

☐ 有时很疑惑,明明是很清楚的逻辑,为什么他人听不懂。不太了
解或不太欣赏为了团队和谐而不讲实话的人。

☐ 有时为了事情的精准度而放慢脚步,甚至错过截止期限。

☐ 听他人讲不着边际的带强烈情绪的话语,会无所适从 / 想睡
觉 / "灵魂出窍" / 厌烦。

☐ 更倾向于从反思或独处中获得能量,如果独处的时间太少,会觉
得虚脱。

※ 你如果想初步探索 ISTP/INTP 有多符合你,可以参考以上叙述与你相符
的程度。但请务必注意,以上并非 MBTI 官方的正式自评量表,千万不
要以此认定你的人格类型。

I_TP 就是《国王的新衣》中大声说出"国王没穿衣服"的人。因为有他们，国王才知道被骗。但是，他们可能不理解为什么大家都不戳破谎言，也不知道为什么说出事实会被讨厌或排挤。对 I_TP 来说，为什么人会做出这么"愚昧"的事情，是一个他们无法理解、也不想理解的谜。

I_TP 想要了解事情的真相、世界的真理。他们追求的"真理"大到宇宙怎么运行、黑洞如何产生，小到为什么这个机器可以这样运作等，但通常和人性或情绪无关。

I_TP 非常喜爱学习有逻辑、可被证明真伪的事情，所以很多人会误解 I_TP 就是"理科学生"；但事实上，他们可以学习任何事情，这件事情只要不是用社交能力或情感来衡量成功的，对他们来说都不困难。

想找出真相、有话直说

很多 I_TP 都曾怀疑自己有阿斯伯格综合征的倾向，因为他们对潜规则不理解，容易在社交上吃些苦头。在还没有进行社会化的时候，他们听到他人问："我是不是变胖了？"会很诚实地说："对，你真的变胖了！可能最少 3 千克。"I_TP 也可能从小就对他人重视的习俗或基本生活礼仪产生疑问："为什么在室内打开雨伞会长不高？""为什么人家剪了头发问我丑不丑，叫我说实话，我真的说了他还难过或生气？"

父母师长如果懂得欣赏 I_TP 的特质，可能就觉得"这孩子有独立思考的能力"；但如果父母师长更重视团队和谐或社会规范，而非事情的合理性，I_TP 就可能变得木讷，其他人可能觉得 I_TP 很不会看脸色或故意挑战权威。但事实上，他们只是觉得这世界的所有事情应该都有不变的原则可以遵循。

如果 I_TP 小时候的好奇特质没有受到欣赏，反而被讨厌，那么他们可能莫名愤怒或自认为与外界有隔阂，也可能越来越讨厌情绪波动大的人，把重视情感的人归类为"笨蛋"。此外，他们如果从小常常看到问题却不准讲，长此以往就会难以发展解决问题的潜力，导致他们变得很容易看到他人不对的地方，自己却提不出解决方法。

穿新衣的国王不见得想被提醒

因为 I_TP 很容易看到问题，又会直说，所以他人可能觉得他们很扫兴，老是在大家很开心的时候泼冷水，很不合群。但 I_TP 其实不是不合群，只是觉得即使不看问题，问题也不会消失。对他们来说，宁可面对丑陋的真相，也不要活在谎言里。

随着成长，他们会慢慢发现，"啊！原来没穿衣服的国王好像也不想被人看破"或"原来这些人就是想要活在共创的假想世界中"，他们可能开始隐藏自己的特质，不轻易说出想法。

I_TP 在其他人受情感、效率挟持，或接收到太多外界杂音与信息而无所适从时，可以很理性、不受干扰地抽丝剥茧，理清事情的脉络、看到问题，并提出可能的解决方案。

不过，长期被人视为"不合群的家伙"可能让 I_TP 觉得每个人都是国王，都不想听真相，大家说的"事情已经大功告成"或"和谐"其实都只是假象。到后来 I_TP 宁可看着大家失败，也不愿意提出建议了。

当大家失败后，I_TP 如果很不会看脸色地来上一句"我早就觉得这样不行"，就更会激怒大家，让人质疑："你知道的话为什么不早点儿说？"但 I_TP 也会反驳："我说了你们会听吗？"他是真的搞不懂什么时候大家愿意听真话。

请理解情感有时比逻辑更重要

随着社会化的进行，I_TP 可能渐渐发现，在这个社会要成功，还是得懂一些人情世故，因而可能试着让自己显得很有礼数、很有同理心。但 I_TP 如果打从心底不认同这样的做法，那么很可能就像"东施效颦"一样，让人感觉他们的微笑很尴尬，他们的关心与问候也怪怪的。I_TP 也可能把自己定位成边缘人，只愿意跟很少的人分享自己的想法。

完整的 I_TP 会慢慢学习人性并非永远理智，有时人的情感比逻辑更重要。就像消防队员救火，他们知道火势大到一定程度，他们会无法靠近救援，不然会自身难保。这样想很符合逻辑，但 I_TP 也必须理解，有些时候人会为了救亲人或爱猫而奋不顾身地冲进火场中。这么做虽然不符合逻辑，却合情。I_TP 只要理解但不看轻这一点，不只看到问题，也看到他人的情感与付出，那么大家势必可以看到他们在团队的重要性，并且愿意追随他们的脚步。

致 ISTP：
"面对他人的情感时，把自己当成观察家。"

ISTP 是最符合你的类型吗？

☐ 你比较信赖通过感官搜集而来的信息，比如你亲自读过 / 听过 / 看过的，不太仰赖直觉。

☐ 你喜欢通过实际行动来验证理论、确认事实。

☐ 你做事情讲究精准。

身边的人可能这样形容你：

☐ 理性	☐ 情绪稳定	☐ 适应力强	☐ 善于随机应变
☐ 实事求是	☐ 有逻辑	☐ 自主意识强	☐ 有阳刚气概
☐ 执行力强	☐ 反骨	☐ 喜欢独来独往	☐ 防卫心重
☐ 喜欢实际行动	☐ 不太考虑他人的情绪		☐ 有话直说

※ 你如果想初步探索 ISTP 有多符合你，可以参考以上叙述与你相符的程度。但请务必注意，以上并非 MBTI 官方的正式自评量表，千万不要以此认定你的人格类型。

在《壮志凌云 2:独行侠》(*Top Gun: Maverick*)中,有一幕是现任军官问主角"独行侠"为什么得过很多奖、受过很多次表扬,但是官阶没有升?

在丹尼尔·克雷格(Daniel Craig)主演的《007》系列电影中,每一部都会有主角詹姆斯·邦德(James Bond)不听主管"M"的指令,直接做自己想做的事情,让"M"气得半死的情节。

这两个角色都让我想到 ISTP。ISTP 重视自己的业务能力发展,对繁文缛节、官僚作风不但不欣赏,还可能非常不屑。如果 ISTP 的业务能力够强,那么他们可能还可以在组织中存活,因为就算他很不受控,但大家还是不得不仰赖他的业务能力。

ISTP 听起来很酷对吧?但请记得,这个前提是他们要像《壮志凌云 2:独行侠》的独行侠还有詹姆斯·邦德一样厉害,不然,他们寻找舞台的路途可能很辛苦。

特质 用实际行动验证理论会让你上瘾

你善于运用感官获取信息并搭配实际行动。你想出了一套理论、一套逻辑,便会通过实际行动确认这些是不是事实。以学习倒车为例,你知道逻辑后,可能马上开车试试看,通过一次次实际行动来感受那个角度、距离对不对。只要理解了理论,你在上手操作时就可能比他人更容易或进步更快。

如果你以处理眼前的事情为主,不用和他人有太多互动,而且有理论、方法可以让你现场实践,并需要临危不乱、做出临场反应、找出很精准的解决方式，那么你就容易进入心流状态。比如做菜时，你心中有了食谱之后，还会根据食材的实际状况对火候随时进行调整；再比如你买了家具组件，无论说明书写得多复杂，你都可以好好看完，再把家具组装起来。

你可能认为有些专业人士的工作比任何暗箱操作都重要，那些人也不太会受制于情绪勒索，例如警匪片中的拆弹专家或急诊科的外科医生。这样的人才需要在紧迫的时间内保持冷静，专注于当下以及所有感官可以接收的细节，并运用毕生所学，用逻辑做出最正确的判断。此时，只有逻辑与真理最重要；不管是小组长还是部长的指令，还是任何暗箱操作、情绪勒索，都得靠边站。这可能就是 ISTP 梦想中的工作状态。

你表达爱的方式不太明显，导致身边的人一不注意或大大咧咧，就可能感受不到你的关爱。其实理解你的人知道你的爱来自"差别对待"，尤其是肢体互动。你可能平常不太让人碰，却愿意让你爱的人跟你打闹或有许多肢体接触；你可能对他人犯下没有逻辑的错误会感到烦躁，却特别可以容忍自己爱的人所犯的错，有时还会觉得对方有些可爱。

有时你也会把自己最厉害的长处贡献给你爱的人，例如你很会做手工艺品或做菜，就会做些东西送给爱的人。

关卡 过度关注事实而自认为不重视情感

你较擅长运用逻辑来做分析和决定，但是你如果没有好好运用感官去验证，就会过度专注于自己认定的事实。你要知道，虽然这世界上有无法争辩的事实，但也有一些"现实"是被大脑误导的。

例如《科学人》（*Scientific American*）杂志刊登的研究报告"大脑在眨眼间就能填补缺失的信息"（"The Brain Adapts in a Blink to Compensate for Missing Information"）显示，当人们看到一句话中有一些空白时，大脑会自动把认为合理的字补进去。所以你如果太相信自己和感官所获取的信息，就可能被自己误导，聪明反被聪明误。

尤其在当你没有很多人生经验或搜集的信息不够多时，如果只听到片面的消息，或感官当下获取的（看到的、闻到的）信息太强烈，而你直接用直觉来"脑补"，那么你推断出的结论就可能有所偏差。这时候你如果据理力争，就可能让他人很困扰，因为你的歪理有佐证，他人既不赞同你的观点又很难解释他们的想法。而你也可能觉得他人在"鬼打墙"。

在压力太大时，你可能想放弃探索未来的可能性，只专注于感官可以接收的细节中。这时你对提出预言、未来趋势的人都抱有非常大的怀疑，觉得不能信任、需要提防他们。这会让你变得防卫心太重、有些偏执，质疑他人为什么知道那些信息，是不是在哪里放了监视器，甚至是不是政府派来推动阴谋的人、是不是外星人等。因为你很反骨，这时候他人越要你做什么，你越不想做。

你可以冷静处理事情，因为你不太会被他人的情绪或伦理道德影响。你和 INTP 都是情绪勒索者的终极挑战，因为你们不太会为了让他人开心而做你觉得不合逻辑的事。

但你并非没有情绪化的一面。当你被逼到一个程度，你会像变了一个人似的，铆起劲来拼个你死我活。就算在公共场所，你也会像发疯一样，毫不在意社会规范和他人的眼光，也不考虑自己的行为会对自己的未来有什么影响。他人没办法劝你"拜托不要这样子，很丢脸"或"拜托，我们回家再说"，因为你本来就活在当下，这时就更不会想到未来可能要承担的后果。

请记住，你并不是没有情感、不在乎和谐，只是担心太在意他人的情感会阻碍你找到真相。

但如果你太早把自己定义成不动感情、讨厌跟他人互动、不喜欢听废话的人，持续压抑情感，把它们全都堆到心底"锁起来"、不加以开发，那么久而久之，你的压力就会太大，可能喝醉了就突然"爆炸"，令大家很惊讶，而你酒醒之后又很尴尬。你也可能变得无感，感觉不到任何喜悦、搞不清楚自己的情绪是怎样的。

你很可能讨厌他人为了维护和谐的假象，而抛弃你所认为的"事实"，例如"在老板面前表现出他喜欢的模样"。但其实你的内心深处也渴望和乐融融的感受，也喜欢这种温暖，你只是担心一旦对这种感受上瘾，就可能有朝一日得抛弃理智。你害怕必须在理智和感情之间做选择，这可能成为一直跟随在你身后的阴影。

我想提醒你，人在压力大的情况下或受到刺激时，的确可能做出比较极端的"战或逃"（fight or flight）反应，但不可否认的是，人是群居动物，需要有人让团队有一些温暖、和谐的氛围（就算这并非完全真实），他们也是让人类可以继续一起生活而不散掉的重要角色。如果大家长期都在抗争或各做各的，社会就不会进步。所以，请你对这样的人和向往温暖的自己多一点儿爱心与包容吧。

提醒 人际关系是你突破自我的关键

因为你常常需要时间消化信息，确认那些信息是不是事实，所以你可能让他人因为觉得跟你说话得不到回应而生气，或误以为你同意（或不同意）某件事。所以，我建议你适时给他人一点儿回应，你可以试着表达"我还在想，你可能要等一下"。

也请试着同理他人，避免一直将自己的主观想法套在其他人身上，或武断地批判对方很情绪化、逻辑不通。你需要理解，对他们来说，最重要的不一定是数据、事实、逻辑，反而可能是他们的价值观或回忆。

请不要以为自己不在意他人的想法，因为你内心还是在意的，也希望被人关心和支持。所以，请对自己坦诚吧，也适度显露弱点，让他人知道你需要他们吧。不然，你会遇到自证预言，认为自己不需要他人的关爱，让他人也觉得你的确不需要，陷入恶性循环。

你在面对其他人的情感时，可以发挥冷静的研究精神，把自己当成观察家，像观察动物一样来观察他人，记录你讲什么话，对方会有什么反应。久而久之你也会明白，跟哪个人沟通时，什么话可以讲，什么话又不能讲。

　　人际关系在事业、人生中还是很重要的，攸关你的格局可以做多大，因为你不太可能永远独自工作。就像拆炸弹，光是有拆炸弹的知识并不够，真正的高手还能了解炸弹设计者的设计思路，通过整合、分析人性和知识来解决问题。邦德如果要拯救世界，光靠自己是没有用的，他还需要背后组织的支持。

　　这会是你的人生课题，也是突破自我的关键！完整的 ISTP 可以意识到他人情绪的重要性，以及在组织中有必要做些限制，借此维护自己所在意的关系，并获得更多人支持，进而担任更重要的角色，调动更多资源达成目标。

你带给世界的礼物是：

『不受外界干扰，冷静专注地解决问题。』

\# 冷静

\# 执行力

\# 专注

致 INTP：
"不要只看到水杯没满，也要看到杯里有水。"

INTP 是最符合你的类型吗？

☐ 你擅长通过推理来找到正确的答案。

☐ 你碰到感兴趣的事物时，能专注而深入地探索。

☐ 你能够迅速看到问题所在。

身边的人可能这样形容你：

☐ 沉着　　　　☐ 有弹性　　　　☐ 适应力强　　　☐ 有怀疑精神

☐ 有批判性　　☐ 善于分析　　　☐ 有话直说　　　☐ 很难沟通

☐ 不会看脸色　☐ 不擅社交　　　☐ 逻辑强　　　　☐ 没有同理心

☐ 叛逆　　　　☐ 懒散　　　　　☐ 既聪明又有创造力

※ 你如果想初步探索 INTP 有多符合你，可以参考以上叙述与你相符的程度。但请务必注意，以上并非 MBTI 官方的正式自评量表，千万不要以此认定你的人格类型。

喜欢看侦探小说的人一定知道福尔摩斯，他的故事也常被翻拍成电视剧或电影。福尔摩斯之所以这么有趣，是因为他能根据线索与逻辑解开谜团，而他的"没礼貌"和对权威的不尊重更常常成为故事的笑点。

《爱丽丝梦游仙境》中的爱丽丝，居然可以梦到这么多有隐喻的画面，而在梦境中，她通过询问自己与他人来了解那个世界的逻辑，并做出当下最好的决定。

这两位主人翁都让我想到 INTP。INTP 的你如果没有特别注意，有可能被人误以为没有礼貌或很不会看脸色，而你的逻辑和解决问题的特长很容易因此被埋没。不过，你如果在这方面发展过人，就会获得大家欣赏，或即使大家对你不爽，也得忍受你。

特质 比起做得快，不如做得好

你能很快掌握事情的架构，并看出不合理的地方。一件事情还没有获得证实时，你会保持怀疑，并通过探索不同的信息、跟外界互动，去验证自己的逻辑和思考是否正确。因为你的逻辑思考能力以及观察力强，所以你很容易看到问题所在。

以学习倒车为例，你和 ISTP 不同，你看过他人倒车以后，会多用理论去探索不同的可能性，例如不同车型倒车的角度、操作方式都可能不太一样，而每个人的倒车方式也可能不同。

此外，比起有效率地达成目标，你更注重做正确的事情。当他人因为截止期限而赶工时，你还是能不为所动，按照可以找到正确答案的方式做事。

当你可以善用逻辑，在外界探索、搜集信息，再用你觉得舒服、不匆忙的方式执行时，你就可以进入心流状态。就好比专业的产品质量监督人员一样，你可以在很短的时间里看到问题所在。

不过，有时你还是得在有限的时间和资源之下做出成果，因为有些事情超过期限就没有意义了。就像写标书或申请学校，你的确可以把文件写得更好，但只要没有如期递交文件，那么就算文件写得再完美，你还是会错失良机。

你表达爱的方式不太明显，如果身边的人稍不注意或大大咧咧，就可能感受不到你的关爱。其实理解你的人都知道，你的爱来自"差别对待"，不太跟人讲感情或心事的你，会对爱的人敞开心胸，跟他们分享脆弱的一面。

INTP 的你可能给予自己爱的人很大的自由，让他们去探索（所以你也可能比较喜欢独立一点儿的人）。你也可能在给他们反馈时，愿意多作修饰，或因为怕他们伤心而不给反馈。他人虽然看不出来这样的表现所暗藏的努力，但是对 INTP 的你来说，这可是得花很大力气才能做到的呢！

关卡 认真提出问题，反而被当成问题

当你的逻辑没有发展得很好时，你可能觉得哪里不对劲，但又说不清楚问题具体出在哪里、可以用哪些方法解决。

另外，因为同理心较弱，有时你会过度简化问题的复杂性，没

有看出问题可能跟对方的情绪或信念有所联结，因而会提出对方无法接受的解决方案。

例如，朋友开的公司运营出了状况，你可能建议他放弃开发某项赔钱的产品，却没有意识到这个产品可能对他的公司有更远大的意义；有人跟你抱怨他很在意的朋友向他提出了棘手的要求，你可能说"不要理对方就好啦"，完全无法理解这个人为什么会有情感上的纠结。

在压力大的情况下，你可能无法探索不同的线索、查询不同的信息去验证逻辑和思考，这会导致你的逻辑有些偏差或不够完整；你在这个时候可能只能运用当下的感受（我觉得／我观察到／我听到）、过去的经验来当成做决定的指标，例如你觉得"我过去说过但没人听，所以现在看到错误就不说了"。

另外，在这种情况下你也容易吹毛求疵、太注重细节，或反过来，完全不在意他人重视的细节，只关注你在意的大方向。

虽然很多人可能觉得你比较冷酷，但是你其实不是不在意他人，而是你可能察觉不到他人的感受、看不懂他人的表情，或你察觉到了，却认为他人的感受不符合逻辑而予以忽略。尤其是在追求真理或制订解决方案时，你可能完全忽略他人的情绪或团队的动能。

比如大家开会时想法一致，也有人明显在赶时间，想快点儿结束会议，但此时如果你觉得哪里不合逻辑，就可能打断会议："等一下，这里不是还有个问题吗？这部分我们要不要再想一下？"这会有两种可能的结果，好的结果是同事／老板赏识你，觉得幸好有你，不然就糟糕了。但你也可能遇到不太好的结果：你会被其他人排挤，因为他们觉得你很烦，好不容易开完会，大家都想离席了，你却这么不会看脸色提出了问题；他人也可能误以为你在羞辱人或找麻烦。但其实你只是想要查个水落石出、做对的事情而已。

你最讨厌谄媚或睁眼说瞎话的人，疑惑为什么不能总是实话实说、为什么要在乎他人怎么想。你也受不了他人认知的事实和你不一样，因为对你来说真理不包含情感，但是有绝对的对错。例如，对方忽然说："谁说地球是圆的？地球本来就是平的""1 加 1 也有可能不等于 2，我在网络上看到……"你听到后恐怕就会被激怒。

你也讨厌他人因为时间上的压力而放弃追求真相，你认为："宁可多花一点儿时间做正确的事，也不要在短时间内做错误的事，不是吗？"

但实际上，世界上有时会需要一些"假"的和谐，因为并不是每个人都可以很客观地接受他人的批评。一个人如果没有受到过夸奖，却一直得到"可以改进的建议"，就可能丧失自信心。一个人越没有自信心，就越难展现他的潜力。这个世界需要有人来照顾其他人的情绪，让场面不要每次都弄得很僵。

你需要根据每个人的状况，用不同的方式应对他们。就像你不可能用对待成人的方式跟小学生说话，因为这两个群体的理解能力并不相同。请记住，即使你知道运动前要把筋拉开，你也不可能每次都做到位，所以他人有时不说真话或只说场面话，也是有意义的。

提醒 换个沟通方式，共创更好的办法

你常常被当成叛逆的人，但你不是为了叛逆而叛逆，纯粹是因为你看到问题的时候勇于表达，而这也是你的特色。其他人可能被情绪勒索，或看到老板、老师、家长的脸色不太好就不太敢说实话，但你往往真心觉得对方不应该有那样的感觉，而该讲的事情还是要讲，就算是面对权威也一样。

你要知道，你说的内容是好的，所以不要改变内容，而要改变沟通方式。请试着不要把话讲得非常直接，一语说破“你这样做有问题”，而要换成用讨论的角度来跟大家协商，例如：“有没有可能换成另外一种方式？”或“我在想，这样做有没有可能遇到问题，你觉得呢？”这样也许会让沟通更顺畅一些。

你在社会化的过程中可能也会发现，有时候自己讲话不太讨喜，讲完自己也很受伤，或无意间伤了很多人的心。结果就是你讲话变得束手束脚，怀疑是不是真的要做自己，要不要先硬着头皮去夸奖他人、讲一些讨喜的话，弄得自己鸡皮疙瘩掉满地。我觉得你不需要强迫自己，你不是那样的人，调整说话方式就好了。

每个人的出身背景、教育程度、个性或种族、性别等不尽相同，这些都可能造成他的思考方式和你的不一样。你要理解，你看到的真理不一定是其他人认同的真理；你也要明白，不是每个人都有同样的价值观，有些人会把情感看得比较重。

　　你要多理解他人的不同想法，有些人的感情就是比较丰富，对他来说，有纪念价值或有情感意义的事物，比"对"的事情更为重要。只要理解了这些，你就不太会卡在情绪里，觉得身边的人怎么都这么奇怪、这么笨，你在和他人相处时才能比较顺畅。

　　你也要知道，创作的过程很辛苦，所以挑问题时也要看到他人背后的心血。就像你和朋友出去吃饭，有人提议吃麦当劳，你说那个太油腻；有人提议吃比萨，你又说芝士太多不好消化。总之，每个提议都有问题，但如果他人问你到底要吃什么，你又说"都可以"。

　　想想看，他人可能因此觉得你爱挑毛病又提不出解决方案。所以你在指出问题的时候，也许可以想想怎么协商出一个更好的做法。

　　此外，请学习真诚地夸奖他人。这不是要你敷衍地说"哦，你好棒啊""你很厉害"，而是要告诉他人，你看到了他的辛苦与付出。当你多给他人正面反馈时，他人也会比较乐意听你说话。

　　完整的 INTP 理解其实自己也有情绪，会学习跟情绪联结，学习什么时候必须点出大家的盲点、什么时候可以睁一只眼闭一只眼、什么时候需要循序渐进指导他人。你将懂得感恩自己与大家的付出，慢慢了解有的时候"水不是只有半杯满，只是现在还没装满杯子而已"。

你带给世界的礼物是：

『精准快速地看到问题焦点。』

\# 逻辑

\# "侦查"错误

\# 就事论事

第 九 章

E_TJ：为了高效执行而
封藏情感

"

　　E_TJ 常常被套上'英雄'或'难搞的老板'的人设，因为要求绩效而逼迫自己和他人。久而久之，E_TJ 可能跟自己的情感与身体'越来越远'，导致有时会不知不觉就扛下了超出负荷的责任与工作量。如果可以开始探索自己的核心价值，了解任何失败都是未来成功的养分，E_TJ 就能让自己慢慢变得比较'柔软'，成为全方位的统筹者。

"

E_TJ 和你有几分像？

你在 35 岁之前……

☐ 倾向于花更多时间关注外在世界、理解外在世界重视的价值观。

☐ 倾向于以目标为导向，做事情时喜欢先设定目标，再盘点、整合资源，规划做事方式。

☐ 做事时，倾向于事前完善规划，再按部就班执行。

☐ 不喜欢也不太会感情用事，不会让情感影响到你的目标。

☐ 不太愿意关注自己的情感，所以跟自己的情感没什么联结，有时自己也不太能理解为什么会有那样的情感。

☐ 喜欢做事情快、狠、准，不要拖泥带水。

☐ 可能觉得自己的想法正确，不太容易同理有天马行空的想法的人。

☐ 可能常常不经意地带给身边的人很大的压力。

☐ 跟自己的身体或情绪没什么联结，常常生病了才知道自己压力过大或工作量过大。

※ 你如果想初步探索 ENTJ/ESTJ 有多符合你，可以参考以上叙述与你相符的程度。但请务必注意，以上并非 MBTI 官方的正式自评量表，千万不要以此认定你的人格类型。

E_TJ 可能从小就展现强势（bossy）的那一面。他们不管自己的能力如何，老是爱告诉他人何时应该做什么，却常常忘了他人不一定认可他们的目标。认可的人觉得他们是战士、领导者，不认可的人则可能觉得他们是大魔王、正义狂人。

E_TJ 认定的那些"应该"，来自他们对目标的理解以及对效率的重视。在这个重视"绩效"的世界，这样的能力被赋予了很高的评价。但是在人与人的相处中，这样的能力很容易被排斥，尤其是当女性展现这些特质时。因此，E_TJ 可能很早就被迫选择做个不需要受人喜爱的"领导者"，或压抑自己，做个比较讨喜的人。

E_TJ 认为做事要先了解目标，并需要切割自己的情感，再从高处厘清一团乱的信息，迅速归类、整合、做决定，最终拟定步骤达到目标。E_TJ 更乐意也更能够表达他们的想法，领导（支配）团队，也不惧怕随之而来的责任和工作量。如果从小就被师长赞赏"好能干""好有领导力"，E_TJ 将能放下情感，或不在乎自己的不舒服，更进一步发展毅力与执行力。

人生好像到处都是责任

因为 E_TJ 擅长快速评估现况来找到问题对策，所以一不小心就会被家人或组织推举为主要的执行者。

外向的他们可以从他人的赞赏与崇拜中获得能量，更乐意发展这方面的能力。渐渐地，这会变成一个循环：在 E_TJ 身边的人只要求救和夸奖他们，他们就会帮忙处理事情；处理完了，他们的自信心就更强了（求救的人则更加自卑），而身边的人也就更仰赖他们。

久而久之，E_TJ 可能开始认为大家好像非找他们不可，他们做许多事情不再是因为被看重，而是因为他人难以代劳，使得他们不得不做。

E_TJ 如果太早被自己或他人发现他们的特长，就容易在某个领域给自己建立"英雄"的人设。无论这个领域是在学业、家庭，他们都会用尽全力让自己留在那个位置上，因为他们不能接受自己失败的样子，也不愿意辜负他人的期待。

为了高效地工作，E_TJ 可能忽略自己情绪与身体上的不适，用意志力撑着，久而久之，他们跟自己的情绪与身体就会失去联结。如果有人对 E_TJ 说："你好像很焦虑、压力很大？"他们可能回答："没有啊，我只是没睡好吧。"然而，他们忘记人在压抑情感硬撑时，会更无法管控情绪，对身边的人也更没耐心。当 E_TJ 看到他人在做那些被 E_TJ 压抑的事情时，他们更容易被触发应激：

——"这些人也太情绪化了吧？"

——"抗压性怎么这么差，这样就要请假？"

——"为什么只有我一个人要负责？"

E_TJ 没有意识到自己生活中发生的事情有一大部分是出于自己的选择。因为所有的"应该"都来自外界的评价，所以他们有时可能为了达到外界的要求或因为对外界的赞美上瘾，而给自己设定过高的目标，把超出负荷的事情揽在身上，进而忽然变得忧郁，忽然觉得人生充满了责任。对他们来说，这种莫名其妙的情绪改变是无法被理解的。

有时忽然没有工作可以揽在身上，或没有管理权时，他们会开始怀疑自己的能力、过去的成就，并感到忧郁或焦虑："我做了这么多事，究竟是为了谁？我到底要的是什么？我这个人的价值在哪里？"

忙到没有时间顾及情感

因为 E_TJ 的成就感来自执行绩效，所以"一不小心"就会把自己弄得很忙，以至于没有时间听无助于完成绩效的"废话"，而这些所谓的"废话"通常都和情感有关。尤其是已经有很多成功经验的 E_TJ，听到他人分享自己的情绪（尤其是自怨自艾的那种），会更受不了。

如果对方是 E_TJ 爱的人，他们就可能在受不了时出手"拯救"，例如帮忙出头吵架、帮忙解决问题；但如果不是，他们就可能低估对方的智商与能力，虽然这些都和情感丰富没有关系。

E_TJ 这样的行为很容易让他们被他人当成"领导者""拯救者"或冷血霸道的人。慢慢地，他人为了自保（不被管理）而和他们保持距离，只有需要帮助时才找他们表达情感，或和他们完全就事论事。

E_TJ 对效率的要求也可能应用在自己的身体上。他们希望用最快的方式达到目标，所以就算觉得不太好，也可能在睡不着时用安眠药助眠，或在减肥时愿意相信偏方，因为他们希望快速解决问题。

在社会中，被当成英雄／拯救者／领导者是个正面的反馈，所以 E_TJ 常常一开始很乐意接受这类评价。但是到了一定年纪，他们才会发现这已经超过了自己身心所能承受的压力，或当他们真正需要帮助的时候，才发现没有太多可以接受自己脆弱那面的亲人或朋友。

有些 E_TJ 的工作量庞大，加上因为不擅长和其他人有情感联结，所以在被讨厌时，他们可能对自己说："天将降大任于是人也，必先苦其心志，劳其筋骨，饿其体肤……"为家人付出却没有被看到时，他们也可能想："我就是来还债的。"或"能者多劳。"借此合理化自己维持关系的动力。

E_TJ 的女生可能因为常听到"太能干的女生很难找伴侣"，而选择不碰感情，或不发展自己的特质。不管怎么样，这些应对机制都会阻碍 E_TJ 的人生发展。

看见自己与他人脆弱的一面

在社会化的过程中，E_TJ 常常越来越专注于外在的成就、名利与权力，跟自己情感与身体的联结越来越远。E_TJ 如果一直将情感当成成功的阻碍，就可能无法理解为什么自己的计划明明很有价值，他人却无法理解或执行，也不了解为什么自己有时会陷入非常负面的情绪。

E_TJ 需要学习尊重自己与他人的界线，看到每个人都有脆弱的一面，也要了解每个人都有自己的路要走，不是每个人的目标都与 E_TJ 的逻辑相符。

如果无法意识到并接受这一点，E_TJ 就会压抑自己脆弱的那一面，过度发展强项，也会用强硬的手法要求身边的人跟随他们的脚步。

相反地，E_TJ 如果开始探索自己的信念，了解任何失败都是未来成功的养分（不管对自己还是对他人），就可以慢慢变得比较"柔软"，对自己与他人更有同理心，并看到"情感"也是有助于完成绩效的一个重要因素，进而成为全方位的统筹者。

致 ENTJ：
"请先确认他人与你有相同的愿景。"

ENTJ 是最符合你的类型吗？

☐ 你比较擅长看大方向、大局、趋势和规律，再做执行计划。

☐ 你喜欢研究抽象的理论、理念，并想办法应用在生活中。

☐ 你比较善于看到未来的需求再挑战旧制度，并开辟新的生活方式 / 做事方式。

身边的人可能这样形容你：

☐ 有企图心　　☐ 果断　　　　☐ 积极进取　☐ 强势

☐ 有使命感　　☐ 重视搜集资料　☐ 重视效率　☐ 厌恶自我同情

☐ 好胜　　　　☐ 喜好公平公正　☐ 不怕冲突　☐ 容易得罪人

☐ 同理心不足　☐ 高度自我要求　☐ 把烦恼藏在心里

※ 你如果想初步探索 ENTJ 有多符合你，可以参考以上叙述与你相符的程度。但请务必注意，以上并非 MBTI 官方的正式自评量表，千万不要以此认定你的人格类型。

比较有名的 ENTJ 角色好像都是坏人，这让 ENTJ 的我觉得又好气又好笑，但是不可否认，走歪了的 ENTJ 真的可能是这样的。比如《哈利·波特》的伏地魔，大家认为他是有策略、有步骤地一步一步得到权力，并实践自己（邪恶）的梦想;《穿普拉达的女王》（*The Devil Wears Prada*）的女老板米兰达，对自己手下团队的质量与日程要求严格，让人喘不过气。

不过，如果伏地魔没有因为悲惨的童年而性格分裂，或你改从维护杂志名声地位的角度来看待米兰达，你就会发现，如果 ENTJ 好好发展，他们可以成为很有影响力的领导者。

特质 需要独处来整合外界信息

你颇能接受创新的事情，善于运用理论推理。从外界获得各种信息之后，你就可以构想出未来的可能性和心中的愿景。你会思考用什么理论或哪种创新模式，专注于制订执行计划，再整合资源，来达成你的愿景。

虽然你看起来很外向，但是你其实也需要通过独处来反思、进行联结，想象未来的可能性。所以如果既有外界刺激又有独处时间，你就可以广泛学习、整合，提出具体的论述和解决方案，进入心流状态。比如说，在工作上做跨部门或跨界的资源整合（包含人力资源），再做出有创意的事物，会让你很有成就感。

你爱人的方式是运用你的直觉或前瞻性，再出钱出力、出声提醒，帮你爱的人预先做准备或铺路。你不太善于理解他人的情绪或意识到他人可能有不同的需求，你可能根本没发现这些事情会造成问题。

例如，有些家长为了让孩子进比较好的大学，在孩子年纪还小时就去找实习单位，或让孩子学习一些受人肯定的才艺，却没有想过这是不是孩子最需要的支持。

关卡　忘记每个人都有自己的想法

你追求未来的理想，以目标为导向，不太喜欢因为自己的脆弱而耽误达成理想的时间，所以你会压抑脆弱的那一面，同时也期待他人这么做，但这最终会对你的身心造成困扰。

另外，由于社会相当认可你的特质，你就可能觉得自己讲什么都对，变得过度自信，老是想要把自己觉得对的事情"框"在他人身上，或质疑为什么他人都听不懂、不照做，还提一大堆意见。你如果早年有了很多成功的经验，就可能更不愿意倾听他人的想法。

你可能遇到的状况是，你爱的人和你想象的根本不一样，例如孩子不想去你心目中的好学校。如果是这样，那么你做的一切规划对他来说不但没有意义，反而造成了压力。当对方有这样的反应时，你可能觉得自己这么辛苦却没有获得该有的回应。

你也可能习惯把身边的人、事、物都当作资源来整合，认为每个人的想法都应该符合主流的价值观。但每个人的价值观其实不同，有些人更重视情感和信念，也不见得愿意被你当成棋子对待。

例如，你在家族企业中当领导，可能直接告知每个年轻人应该读什么科系、未来去哪个部门才最好，却没有想到他们也有自己的喜好和目标。所以，你需要开发在这方面的敏感度。

在压力大的时候，你可能出现两种极端的反应：忽然过度重视细节，变得钻牛角尖，却不看大方向；只看大方向，遇到事情就想要快速反应，而非先深思熟虑一番。你也可能去做一些感官上很刺激的事情，比如极限运动，借此带给自己快感。如果适度，那么这些刺激就是好的，但你如果太过沉溺其中，就会出现问题。

你最讨厌的人可能是做事情很短视、讲话抓不到重点、没有先用逻辑进行规划就做事的人。对因为身体状况或情绪不稳定而影响工作的人，你也不太欣赏，觉得这些人恒心和毅力不够。

虽然你也讨厌做事漫无目的、走随兴路线的人，但如果对方规划得太过仔细，不考虑未来的可能性，或不愿意根据情况适度调整做法，你也可能受不了。但这些人其实也有他们的价值。他们的随兴能让大家看到框架外的可能性，同时让社会在注重效率之外，出现激发人类想象力和引起情感共鸣的艺术品，促进人类的心灵成长。

提醒 多跟自己的身体与情感联结

请记得和自己确认，比如"我现在身体怎么样""我现在心情如何""我做的事情符不符合我的信念""这对我的将来有没有帮助"。你如果不跟这些部分有所联结，就可能变成高效率却冷血的工作机器，不仅很难同理他人，还不断耗损自己，只能靠意志力硬撑。

还有一点是我这些年的领悟：你可能很自信，坚信自己是对的，但也许 10 年后你会有些后悔。所以，在给他人建议的时候，一定要先理解他人的想法，例如"他人的愿景是否和你相同"，因为如果不是，你所建议的做法对他来说都是没有用的！

另外，你可能认为身边很多人都需要你的帮助，但是请先跟对方确认，或等到他们求助你时再出手吧。不要只是看到他人说"我好累""我不会"，你就说"我来做"。如果他人没有请你帮忙，那么等你做了以后，对方可能看你好像轻而易举，不仅不见得会感激你，反而觉得理所当然。你会不经意把他人宠坏，再让自己受一肚子气。

你也要知道，做得太多不只会让自己太累，也会剥夺他人成长的机会。你必须懂得放手，让他人去尝试，通过失败或累积经验来成长。特别是关于对方人生的事情，你更要放手，不要一直想着批判或说服对方。当然,你可以表达自己的意见,但也要尊重对方为自己做的决定,他不一定要听你的。

你无论是老板、主管还是在家里当家的人,都要多关注其他人的特质(也许做事比较灵活,或具有同理心),再从这些地方去发现他们可以带来的贡献、你们可以怎么合作;遇到需要做决策时,这样也会更容易让其他人参与其中。虽然这样可能让做决策的速度变慢,但不见得没有效率,因为在推动决策落实的时候往往更顺畅。

也许你觉得自己的决定是最好的,可是你不让他人参与决策,就不可能完全知道他人从他们的角度究竟看到了什么。如果你没有让大家有参与感,那么不管你多有权力、计划写得多好,在推动时一定会碰到问题,因为他人可能打从心里不认可你的想法,或觉得你没有看到他们的价值,从而选择消极反抗,做事情只做 60 分,或在你看不到的时候就不做。

例如,某个老板为了推动永续治理(Environmental, Social and Governance, ESG)的概念,希望组织做一些改变,但推动时碰到了很多阻碍,让他非常苦恼。后来他才发现,并非每个部门都理解这些改变对他们有什么影响,他们有许多疑问没有获得解答,所以大家对改变缺乏兴趣。于是,他不再只是单方面告知大家自己的规划,而是把理念和前景都说给大家听,再集思广益想出可行的策略,结果推动改变就容易多了。

完整的 ENTJ 愿意放下外在的框架、探索内在世界,进而和自己的情感、身体、信念产生联结。这样的 ENTJ 在考虑各种可能性时，能把无法回避的"人性"纳入考虑，学习"带人要带心"，最终创造有效率又富有人性的未来。

你带给世界的礼物是：

「整合资源，创造未来新气象。」

\# 前瞻性

\# 领导力

\# 运用资源

致 ESTJ：
"抵达终点的路上，别忘了欣赏风景。"

ESTJ 是最符合你的类型吗？

☐ 你注重效率与细节，如果没有特别原因，不太会主动开发新的可能性。

☐ 你常被说是很能干的人，做事干净利落，可以在一团乱中迅速看出该做什么，并懂得切分事情，以便分工或阶段性执行。

☐ 你可以简化复杂的问题，并用简洁的方式解决。

☐ 你有时太关注细节，可能专注于确保做事的方式，却忘了做这件事的最终目标是什么。

身边的人可能这样形容你：

☐ 精力充沛　　☐ 务实　　　　☐ 自满　　　　☐ 控制欲强

☐ 目标导向　　☐ 很会自找麻烦　☐ 擅长风险管理　☐ 组织能力强

☐ 理性　　　　☐ 同理心不足　　☐ 自我要求高　　☐ 有自信心

☐ 强势　　　　☐ 不甘示弱　　　☐ 太关注细节

※ 你如果想初步探索 ESTJ 有多符合你，可以参考以上叙述与你相符的程度。但请务必注意，以上并非 MBTI 官方的正式自评量表，千万不要以此认定你的人格类型。

《哈利·波特》的反派老师乌姆里奇，就是很典型的过度发展强项的 ESTJ。暂且不评论她的思想是否站在正义的那一边（最起码她自认为是），先观察一下她管理人的方式——拟定制度、立下规矩。当她相信自己是对的时候，会坚持己见，不再接收新的信息，并用很强硬的态度来管人。

另一位典型的 ESTJ 就是《射雕英雄传》的丘处机。他基于义气和一些其他因素跟人打赌，要找到两位友人的后代并教他们武功，让他们 18 年后相互较量。为了这个目标，丘处机到处奔波，找到了杨康，但因为太专注于教他习武，而没有看到他的人格发展出了问题。

你可以从这两个角色的故事看到，当 ESTJ 定下目标后，他们有强大的恒心和毅力去行动，但有时他们可能忘了为什么要做这件事，或无法根据状况改变目标。

特质　复制过去的经验，高效完成任务

你的头脑里好像有一个很大的硬盘，可以把各种成功或失败的经验储存在里面。你也比较注重实际，需要具体明确的信息。做事情的时候，你会先整合来自外界的所有信息，再根据过去的经验来设计组织流程、标准流程。你很容易找出曾经成功过的做法，再微调、加以复制。因此，你的执行力过人，可以高效完成事情。

当你可以参考过去经验，再调兵遣将、整合资源去推动事情或解决问题时，你就能进入心流状态，但前提是大家认可你的能力、

授权给你。当他人没有授权给你或你遭遇强烈的反对时，虽然你还是会像压路机一样硬着来，但是其实你的一颗"玻璃心"还是会忧郁，这时候你就无法完全进入心流状态。

你爱人的方式是从过去经验中找出适当的对待方式。因为你懂得撷取过去的经验，所以会想办法不要重蹈覆辙。你也会想提供实质的协助，提醒对方，保护你爱的人不要犯和你同样的错误或吃同样的亏。例如你出国留学时，曾因为不懂当地规范而吃了很多苦，当好友也要去留学时，你可能不只提醒他应该做什么准备，还会直接帮他办理很多手续，让他可以轻松许多。

关卡 想成为太阳，却变成北风

你可能常常自认只是很有条理地把理论解释给大家听，并告诉大家目标应该是什么、应该怎么做。但他人和你在一起可能感到有些压力，甚至觉得你自以为是、爱耍威风，老是管他人，只顾着把自己的想法套在他人身上。

你在和人相处时可能陷入类似的状况，觉得："明明我讲过了，也提出了最好的方案，为什么他人不照着做？"想要他人愿意和你一起努力的话，我建议你必须让他们参与其中。你可能为了迅速达到目标而擅自做决定，自认为都想清楚了就开始冲，殊不知身旁的人可能不同意你的做法或不想这么赶（也许他们希望享受一下人生或有其他想法）。

记得"北风与太阳"的故事吗？北风尽力吹，想让路人脱下外套,却反而让路人把衣服裹得更紧;而太阳则是用它的温暖,让路人主动脱下了外套。你在扮演领导者时,试着理解他人的价值观与目标吧。与其像北风那样因为吃力不讨好而气馁,不如尝试用太阳的方式,让他人自愿做你想要他们做的事情。

当你太相信过去的经验,你会变得没有"弹性"。但请记住,过去成功了,不代表未来也会成功,你还必须考虑许多因素,或探索其他的新机会。况且条条道路通罗马,除了你的做法,可能还有其他很多方式也可以达到你的目标。

因为你渴望控制所有变量,所以你在压力大的情况下可能变得非常容易相信他人的任何信息。一方面你希望多获取一点儿信息,减少"未知变量",让一切都在掌控之中,确保结果是你想要的;另一方面,你也希望提升效率——如果你信任的人可以告诉你来应聘的员工不匹配,双方也能省下试用期的时间。

压力也可能让你非常排斥任何和直觉相关的事物。比如听到"打坐""瑜伽""灵性的开发",你就觉得:"那是什么东西啊?我们要相信事实、相信科学。"最神奇的是,以上这两种状态在很多ESTJ 身上是可以并存的!

由于你想做正确的事情,因此你可能压抑情绪或忽视身体状况,例如事情做到一半时尽管你忽然觉得不太舒服,但是你还是会忽略身体发出的讯号继续做下去,避免影响达成目标的效率。

你年轻时,因为遇到的事情都比较简单,所以只要努力,就很可能把事情做好;但等到中年之后,外界因素越来越多,比如结婚生子，或在公司里的声望、职位提升，你就会面对越来越多的不确定性。这时你就算压抑自己，也可能面临失败，因而觉得非常无助，怀疑自己的能力。

你不欣赏只喜欢看未来趋势又没有执行力的人，也不喜欢做事没有方向或没有想清楚就行动的人。因为你倾向于以目标为导向，所以容易觉得只看未来的人不切实际，而随波逐流的人是在浪费生命、没有好好发挥潜能。另外，你也不太欣赏不能"吃苦当吃补"、常给自己找借口的人。对你来说，生一点儿"小病"或人生出了一点儿"小状况"都不应该是前进的阻碍。

不过，社会还是需要有人愿意做一些假设、愿意推测未来的可能性，也许这些人的点子不可行，但如果没有这些天马行空的想法，也就没有创新的可能。

迈向目标的路上充满了阻力的时候，也许是评估是否继续下去的好时机。就像世界级的扑克选手安妮·杜克（Annie Duke）说的："有时放弃才是对的选择。"当外界的条件改变或你的心态不一样了，其实都可能意味着你要适时放手。正所谓"留得青山在，不怕没柴烧"。

世界也需要一些追求不同的人，因为有他们，世界上才可能有慈善事业，才可能有艺术品，社会才能更丰富、多元。

提醒 人生不只是划掉待办事项而已

你可能不太理解自己的感受是怎样的，也许某天你会忽然困惑, 自己到底是因为得心应手才做某些事情, 还是因为真的喜欢。

我建议你尽早开始探索, 就算你已经很成功了, 你还是要适时问自己"我人生的意义是什么", 然后适时和自己确认"我今天身体好吗""我舒不舒服""我做这件事情开心吗""我现在的心情是怎样的"。你如果一直压抑情绪, 某天可能爆发, 像我一样患上抑郁症, 会忽然大哭却不知道为什么。

你要理解这个世界有太多变量是无法操控的, 不管计划得多详细、付出多少努力, 意外总会发生。例如, 你觉得要 30 岁当主管、31 岁结婚、32 岁生小孩……但这三个目标都不完全掌控在你的手中。你可能非常努力, 但正要升迁时碰到金融危机, 或者原本的结婚对象忽然离开你, 又或者你达成了前面两个目标, 却很难受孕。

当这类状况发生时, 不要只是哀叹命运, 因为这也是人生的滋味。你要放宽心, 这样日子会好过一些。

你可能总是想赢过他人, 所以一直在比较。这在年轻时会是你前进的动力, 因为比不过某个人, 于是你会更努力。但随着年纪增长, 你很可能碰到一个状况: 都这么努力了, 还是比不过他人, 结果怀疑自己是不是很没用。这时你可以想想上文刚刚说的, 努力不代表一定有成果, 因为很多事情是你无法控制的。

而且, 你不可能每次都赢, 就算读了名校、拿到博士学位, 只要走到世界的舞台, 就一定有人在同样的年纪比你做得更多、更好。你如果总是想要做到完美, 就会很容易陷入负面情绪。所以, 与其追求完美, 不如追求完整, 你要整合自己压抑的一面, 才能让

第九章　ESTJ：为了高效执行而封藏情感

你变成独一无二的人。

我认识的许多 ESTJ 都很喜欢写"待办事项"，每次划掉一件事，就有很大的成就感和喜悦。比如说，你规划家庭旅行会安排好时间表，逐一完成待办事项所带给你的喜悦甚至比实际旅游还来得多。

但你要知道，不是每件事都要以目标为导向，有些活动即使没有被放在待办事项里也对人生很重要，比如和家人聊聊天，或让自己运动一下、静静心。你如果没有理解这点，就可能觉得人生越来越无趣，因为你一直想着如何把待办事项划掉。但人生其实不只是"设定目标，然后完成它"，所以请放过自己和身边的人，不要总是想着如何达成目标。在这趟旅程上好好欣赏路旁的风景吧。

完整的 ESTJ 愿意接受新的信息、预先留出空间进行新的尝试，也愿意发展自己和情绪、身体的联结。如此一来，ESTJ 就能考虑到人性，拟定出更合理、更想让人参与其中的执行计划。完整的ESTJ 在设定目标之前会先询问自己为什么这样设定，并静下来思考这件事情是为了自己，还是自己"以为"其他人需要的照顾。

这样的 ESTJ 在遇到阻力或情绪不稳定、生病不舒服时，也懂得停下来看看这是不是身体发出的一些信号，同时也知道什么时候该放手，什么时候该发挥自己的恒心和毅力。

188

你带给世界的礼物是：

『追求系统性的组织管理。』

\# 执行力

\# 整合力

\# 管理

第 十 章

I_FP：通过自身感受了解世界

"

　　在追求效率和成就的世界里，I_FP 可能学着包装自己、做'对'的事情，但这么做会让他们越来越不喜欢自己。I_FP 需要理解，人是可能成长与改变的，不要因为看到现状，觉得无力就逃避。I_FP 需要学着将内心的喜怒哀乐表达出来，就算表达后还是不被理解，那些也都是经验，也都是让自己成长的养分。

"

I_FP 和你有几分像？

你在 35 岁之前……

☐ 情感和想象力丰富，有时无法用言语清楚说明。

☐ 注重自己的价值观，并以此作为做决定时的最重要的考量。

☐ 常常觉得自己和外在世界格格不入，或他人无法了解你的世界。

☐ 倾向于花更多时间关注自己的内在世界，而非外界。

☐ 倾向于从反思或独处中获得能量，如果独处的时间太少，会觉得虚脱。

☐ 不太喜欢用逻辑做分析（例如做 SWOT 分析①、优缺点分析）。

☐ 做事情倾向于灵活应对、随遇而安，不倾向于拟定计划再按部就班地执行。

☐ 容易被当成爱拖延的人，但是如果感觉来了，可以废寝忘食地投入工作。

※ 你如果想初步探索 ISFP/INFP 有多符合你，可以参考以上叙述与你相符的程度。但请务必注意，以上并非 MBTI 官方的正式自评量表，千万不要以此认定你的人格类型。

---

① SWOT分析即将与研究对象密切相关的主要的内部优势、劣势和外部机会、威胁，通过调查列举出来，然后用系统分析的思想加以分析，得出一系列具有决策性的结论。"S"指优势（strengths）、"W"指劣势（weaknesses）、"O"指机会（opportunities）、"T"指威胁（threats）。——编者注

I_FP 非常注重自己内心的感受，与其说刻意重视，倒不如说他们无法忽略内心感受或不受其影响。不管做任何事情，他们总是最先关注："我现在舒不舒服、开不开心？"他们如果找到热爱又与自身信念联结的事物，可以完全投入；反之，如果是自己感受不对或违反信念的事情，就算符合社会标准，他们也会做得非常痛苦。

I_FP 面对他人时，可能像品酒师在跟不懂酒的人沟通。他们就像品酒师，正在慢慢品尝酒，通过分析果酸、单宁、酒精、甜度、酒体等要素，判断自己是否喜欢这种酒，但对只想很快知道"这酒好不好喝？值不值得买？"的人来说，他们的反应实在是有点儿慢，而且，真的想得太多了。在一个追求效率和成就的世界里，I_FP 可能觉得跟不上脚步，或内在世界不被认同与了解。

I_FP 真的觉得对他人要求不要"想那么多"、不要管感受、就去做该做的事情很痛苦。因为他们随时都跟自己的情绪有强烈联结，所以要他们不管感受去做"符合逻辑的事情"就像医生说为了健康你必须动手术，但是不给你打麻醉针一样。他人可能说："你应该要动手术，为什么不动？"那是因为就算 I_FP 知道那是该做的事情，他们还是可能因为每一分每一秒都可以感受到那种不舒服与疼痛而却步。

内心有个情绪澎湃的"光谱"

I_FP 天生情感丰富，他人的"开心"在 I_FP 的内心可能被分成了一百种不同等级的光谱，从"狂喜"到"欣慰""宁静安心的喜悦""欣慰"等。

在小时候，当语言能力还不足以表达感受或用来说明自己的状态时，I_FP 可能一直无法跳出外界事件对他们造成的情绪漩涡，因而花很多时间待在自己的内在世界，让人觉得他们怎么都没有反应、一直坐在那边发呆。殊不知他们其实内心暗潮汹涌，有很多的情感和信息需要被翻译和消化，更需要组织最合适的文字来表达，结果就是他们容易被误解为心不在焉的人。

如果被贴上这种标签，又没有遇到环境逼他们从内在世界走出来，他们就可能一直卡在"活着好难"的思考方式中。

对 I_FP 来说，从小花时间理解自己喜欢什么、不喜欢什么，以及为什么会这样，是非常重要的。通过这些练习，I_FP 才能慢慢了解自己的信念，而这是他们做任何事情的动机。只要与内在情感产生了联结、做了自己热爱的事情，他们就可以废寝忘食、完全投入其中。如果他们有幸展现出这一面，那么这种对事物的热情是令人羡慕的。

然而，I_FP 如果要厘清自身的感受与信念，就需要独处、思考，并探索、尝试自己有兴趣的事情。如果 I_FP 碰巧遇到重视社会价值、效率的家长或其他照顾者，后两者不愿意让他们花太多时间"发呆"或做一些"没用的事情"，他们就会变成没有导航系统的船只，觉得自己一直在漂泊，不知道何去何从、自己存在的意义究竟是什么。

因为每件事情都需要跟内在丰富的情感确认，所以 I_FP 的反应看起来比较慢，在一个追求效能的环境或组织中，容易跟不上大家谈话的速度或插不上话，因而容易被人低估了能力。I_FP 在团队中的贡献也可能没有被看到，或没有足够的舞台可以让他们发挥。如果他们接受了他人的这类评价，渐渐就会认定自己能力较差，在团队中成为边缘人。

不过，如果 I_FP 生长在一个充满爱的环境，而且他们的特质被赋予了价值，或他们在一个比较多元共融或重视创意的组织，有足够的时间和空间观察、独处、思考，那么他们常常可以提出他人意想不到的见解，或产出令人惊艳的成果。

直到被踩到底线之前，都很随和

I_FP 的外表通常看起来比内心随和，他们因为不想和人争执或引来关注，所以会极力避免冲突。不过，一旦他人踩到 I_FP 的底线，I_FP 也可以很坚强地捍卫自己的理念，或直接来个永不见面，让其他人有些错愕。

例如，I_FP 和同事出去吃午餐，明明他吃素，大家却选择去吃牛肉面。这时他可能配合，心想到时候吃点儿小菜或另外找点儿素食来吃就好。但是如果其他人嘲笑他吃素或说他不合群，那就踩到他的线了。

所以，如果有一天你的 I_FP 亲人或朋友忽然从你身边消失，或对你非常冷淡，那可能就是你不小心踩到了他的底线，而他在心中已经跟你划清界线了。

你可能觉得，为什么他们不事先警告大家底线在哪儿呢？第一，很可能他们说过了，只是大家觉得他轻描淡写，所以忽视了重要性。第二，有时他们自己也不太清楚底线在哪儿，直到他人越线才明白，不过这时候可能已经太迟了。第三，I_FP 的人很能够接受每个人的全貌，他们通常不太会期待他人的改变，因而也没有什么特别的理由要将自己的想法告诉他人。

I_FP 不只会逃避与他人的冲突，也可能逃避自己与内在世界的冲突。当脑海中冒出冲突的想法，他们会很焦虑，想要逃避。

例如，I_FP 明明想要尝试些什么，但是由于已经内化了从小到大的观念（"学这个一点儿用都没有"），所以就算长大没有人管了，内在世界中反对的声音也一直冒出来，导致他们踏不出那一步。或者，因为他们讨厌他人用制度规范自己，所以当自己担任老师或老板，必须用制度来规范他人时，他们会说不出口，或无法面对自己成为这样的"施压者"。

当他人的表现不如自己的期待时，I_FP 会因为说不清楚自己的感受，又怕说了伤到他人，也害怕自己受伤，就想要回到自己的内在世界，与外界隔离。如果这样的状态久了，I_FP 就可能越来越愤世嫉俗，或越来越无法与人群相处。

I_FP 需要理解，人是可能成长与改变的，不要因为对现状感到无力就选择逃避。I_FP 需要学习将内心所感受到的喜怒哀乐都表达出来，就算表达后不被理解，那些也都是经验，也都是让自己成长的养分。

想让他人做自己，无意间却情绪勒索他人

I_FP 最讨厌被情绪勒索，但是他们可能无意间这么对待他人。I_FP 最希望每个人都可以表里如一，做最真实的自己，因此，他们通常对他人很包容。但是，他们在因为不太擅长通过沟通或整合资源达到目标时，就可能陷入自己的情绪中。由于没办法通过逻辑来表达要求，或用逻辑和语言吵不过他人，所以他们可能用情绪表现来最有效率地达到想要的效果。尤其是平常随和又乐意配合的 I_FP，当他们开始回避冲突或完全不展露情绪时，这样大的反差常常让他们可以成功完成情绪勒索。

就以上文同事相约去吃牛肉面为例，如果 I_FP 从很和善忽然变得态度冷淡，丢下一句"没关系，你们去就好"便转身离开，在意他的同事就可能马上提出替代方案，要大家一起去素食餐厅吃饭。但是 I_FP 如果常用这招，就可能被贴上"太情绪化"的标签，让人开始远离他，或不看重他的情绪。

不希望像机器人一样地生活

内倾情感的人通常较不擅长外倾思考，所以 I_FP 通常执行力较弱。I_FP 的内在世界太庞大，想法多到数不清，这让他们很多时候不知道要从哪里开始做起，因此常常会拖延或干脆不做。

I_FP 需要记得，自己不是没有逻辑，也不是没有执行力。可能因为从小一直听他人说"你没有"，或痛恨那种只靠着逻辑、像

机器人一样不带情感的生活，所以 I_FP 才排斥运用逻辑。特别是 I_FP 如果小时候因为这样过得很辛苦，就更会排斥、限制他人。

在社会化的过程中，I_FP 必须学习一套可以应付社会的方式。他们可能学着包装自己，不跟太多人分享内在世界的情感，选择性地表现真实的自己。很成功的 I_FP 可以通过学习逻辑、语言或创作，来用社会认可的方式呈现自身的特质。

然而，许多 I_FP 卡在这个过程中，变成想办法麻痹自己、学习做"对"的事情的人。这样做对他们来说痛苦万分，也会让他们越来越不喜欢自己。

当 I_FP 已经将自己与外面世界两极化，定位成我方与敌方时，他们可能完全放弃理智与逻辑，觉得有些事情是"凡夫俗子"才要面对的"世俗"事情；他们也可能完全接受外界的标准，觉得自己就是这世界上最没价值的人，努力鞭策自己成为外界认为的有价值的人，并在这条路上丧失所有的自信心。这两种状况都会阻碍他们的成长。

I_FP 常常羡慕不需要为了五斗米折腰的同类，觉得只有不愁吃不愁穿的 I_FP 才能好好做自己、好好发展潜能，但这其实并不正确。没有社会压力的 I_FP 可能没有动力离开自己的内在世界，渐渐因为自己无所作为而感到焦虑，越发找不到自己存在的意义。所以，"适当"的压力是推动 I_FP 成长与自我实现的重要因素。

致 ISFP：
"把你的情绪化为作品呈现出来。"

ISFP 是最符合你的类型吗？

☐ 相较于说话，你更善于通过身体和创作表达自己的情绪。

☐ 你较不重视外界，较多时间活在内在世界。

☐ 你倾向于活在当下。

☐ 你倾向于仰赖感官所获得的信息。

身边的人可能这样形容你：

☐ 艺术家	☐ 注重隐私	☐ 关心他人	☐ 民主
☐ 思想开放	☐ 随和	☐ 配合度高	☐ 沉静
☐ 谦虚	☐ 愿意变通	☐ 爱好自由	☐ 容易共情
☐ 敏感	☐ 爱拖延	☐ 行动力比较差	

※ 你如果想初步探索 ISFP 有多符合你，可以参考以上叙述与你相符的程度。但请务必注意，以上并非 MBTI 官方的正式自评量表，千万不要以此认定你的人格类型。

《巧克力情人》（*Like Water for Chocolate*）这部电影很有名，女主角蒂塔在墨西哥长大，是老幺，而根据那个年代的习俗，幺女不可以结婚，必须照顾父母一辈子。蒂塔非常会做菜，能通过菜肴表达情感。当她爱一个人却无法说出口时，她就会把情感全都注入菜肴里，无论是谁，吃的时候都能充分感受到，因而会哭、会笑、会感动，或会想谈恋爱。她可能就是 ISFP。

特质 与其说出情感，不如献上创作

你的情感丰富，也注重自身信念。你希望自己做的事情都能和这些信念有所联结，这样才容易找到动力。你也倾向于用实际行动，例如写作、画画、唱歌，来体现你的情感，让他人可以通过感官感受你的情绪。当你找到自己最擅长的做事方式时，你可能比其他人成功，因为你可以完全专注于内，并废寝忘食地沉浸其中。

如果你有独处的空间，也没有时间限制，并可以通过实际行动自由发挥，把你的情绪融入其中，创作出你感兴趣或和你的信念有所联结的事物，你就会进入心流状态。

虽然你的情感丰富，但你不一定擅长用语言表达。你爱人的方式常常是献上创作，例如写歌给你爱的人（许多歌手都是 ISFP），或为他做你擅长的事（做他最爱的菜）等。你对你爱的人非常包容，愿意让他做自己。就算他不小心伤害你，你通常也可以接受这是他的一部分。

关卡 知道自己不要什么，却说不清要什么

你如果不够了解自己的信念，那么做任何事情都可能找不到动力。你只知道自己不要什么，却说不清要什么。你也可能被现实生活的一些细节压得喘不过气，加上你倾向于避开冲突，就可能往内"缩"，逃避做决定，把决定权交给他人或环境。

如果你没有练习运用感官来吸收信息或取得反馈，你就不太容易判断自己的信念或想法有没有偏差。你也可能太以自我为中心，或无法实践自己的想法。

当你压力大的时候，你容易不信任感官获得的信息，变得过度相信直觉，然后硬把自己过去的生活经验套进当下的情况，对自己洗脑："这个是实际的。"或"这个是可能的。"你的直觉虽然的确有些敏锐，却不一定都准。

你可以尝试发展这部分能力，每次有些直觉或天马行空的想法就先记录下来，再慢慢观察有多少后来成为事实、有多少成为可以帮助你的要素。只要发展得好，你就能更了解他人在想什么，对这世界也有比较深刻的诠释，让你可以编织出更宏大的梦想。

你最不擅长设定目标和追求效率，但是当人生不顺时，你可能觉得这才是应该的做法，你会让你的感官关机，学习放下情感。如果只是暂时如此，那倒还好，但如果时间长一点儿，你就会因为长久无法接收新信息，而变得活在自己的"泡泡"里，觉得无力改变现状，变得自怨自艾；你也可能转而专注于不是实际问题的问题

上，例如感情出了状况，你就过度专注于工作，一直处理工作上的问题。此外，你也可能变得对自己很苛刻，或十分抗拒符合逻辑的事情或体系。

你可能非常讨厌实事求是、不重视非物质的事物、看似没有情感的人。对你来说，这些人就像是看到艺术品只会问多少钱的人，有些世俗，也很难理解真正的你。不过，请想想为什么艺人身边需要经纪人？因为人在这个社会中难免遇到柴米油盐酱醋茶的杂事，而这些事情还是需要有能力的人去处理。艺术家的作品就算很厉害，但如果没有人买，艺术家就还是无法获得温饱。所以，这个社会也需要能够有条理地思考未来可能性，并有逻辑地进行规划、交易的人才。

提醒　勇敢踏出第一步，找到自己的信念

请多多欣赏自己，你如果觉得自己懒惰、执行力差，很可能是因为你不太了解自己的信念或长处是什么。这没有关系，你可以花一些时间尝试不同的事情，通过实际行动、用感官搜集信息来了解自己喜欢什么。

不要给自己太大的压力，认为自己做某件事就一定要变成专业人士，也不要老是问自己"学这个有什么用"。对你想尝试的事情，例如学跳舞、插花、画画、做菜，做就对了。就算这些事情和你的工作无关，它们还是可以将你卡在头脑里的思绪与卡在身体中的情绪抒发出来。付诸实际行动好似打通任督二脉，可以协助你找到信

念。一旦了解了自己的信念是什么，你会变得更强大。

当然，这可能是一场持久战，而对你来说，最难的就是踏出第一步。一旦开始了，你就可以继续下去。你可以考虑使用番茄钟这个工具，借着这种方式来提升行动力。不要一开始就设定"我今天一定要把这件事全部做完"，你只需要告诉自己："我没有压力，只要专心做 25 分钟就好，时间到了我就休息。"你会发现一旦开始之后，自己就可能乐在其中，做完 25 分钟也不想停止。

你也要多了解自己的需求，因为你重视和谐的环境，不喜欢强出头，所以容易过度配合他人，导致自己虚脱。你需要找到自己的界线，知道什么情况下自己会不舒服，不能再继续付出，并学习果决地说"不"。

你的脸皮可能比较薄，你本来也比较低调，所以比较怕犯错被指出来。被指出错误的时候你可能觉得："啊，那就不要再做了，我可能真的很差。"请千万不要这么想，每个人都会犯错，再从错误中学习。所以，我建议你保持成长型心态，在做每一件事情的时候都告诉自己"有失败的可能"。如果你事先给自己打了预防针，那么万一真的失败，你也会知道这只是成功的养分，你可以从中获取经验，思考下一次该怎么做。请切记，不要被自己犯的错误或遇到的挫折打击到自信心。

另一点你可以学习的，就是面对问题不要逃避。当你遇到冲突，或必须做比较艰难的决定时，你可能消极地让外界替你做决定，但这种方式会让你无法掌控自己的人生。

你真的希望把人生的决定权交给他人吗？答案肯定是"不"。所以，就算做决定很困难，就算可能做错决定，都没有关系。勇敢做决定吧，不要逃避。

此外，请尝试直接跟他人沟通，特别是当他人踩到了你的底线。不要等到自己受伤了才说，你是有权利事先发声的。有时候你说话拐弯抹角，怕伤了他人的心，但他人不一定理解你的隐喻，结果就是没抓到你想说的重点。

我建议你不要想太多，很诚恳地给他人反馈就好。他人如果承受不了，那就是他人要学习的功课。而且，很多人其实承受得住，可能还会感激你给他这样的反馈。

我也建议你在情绪强烈时通过唱歌、写作或做其他事情来抒发，每次只花二三十分钟也行。这不但能宣泄情绪，而且你还可能因此发现自己有意想不到的特长！

希望你不要一味地谦虚，因为在现实社会里每个人都需要适当地展现自己。这不是说要夸大自己，而是不要低估自己的实力，你很可能真的比自己想象的更好，你只要试试用你看他人的标准来看自己就知道了。

完整的 ISFP 可以理解，有时待人处事需要有冷静客观的时刻，也不再排斥或不屑商业行为。你将会知道什么时候必须对自己的信念有所坚持，什么时候又可以仰赖其他人的推理去做一些调整。

你带给世界的礼物是：

『把丰沛的情感转换成艺术。』

\# 感性

\# 创造力

\# 学习力

致 INFP：
"把人生当作修行之旅。"

INFP 是最符合你的类型吗？

☐ 你可能不止一次觉得自己是外星人。

☐ 你有时不太能用他人听得懂的方式表达想法。

☐ 你碰到感兴趣的事物时，能专注而深入，但是对没有太多兴趣的事情，就容易放空或放弃。

☐ 你可能喜欢通过哲学、心理学等探索生命的意义。

身边的人可能这样形容你：

☐ 理想主义　　　☐ 忠于自己的价值观　　☐ 包容

☐ 有好奇心　　　☐ 能预测事情的发展　　☐ 善于反思

☐ 适应力强　　　☐ 忠于自己重视的人　　☐ 有弹性

☐ 艺术家　　　　☐ 总是试图了解他人　　☐ 执着于践行某些理念

☐ 敏感　　　　　☐ 粗心　　　　　　　　☐ 懒散

※ 你如果想初步探索 INFP 有多符合你，可以参考以上叙述与你相符的程度。但请务必注意，以上并非 MBTI 官方的正式自评量表，千万不要以此认定你的人格类型。

比较经典的 INFP 好像就是《哈利·波特》的卢娜，她好像有些时候很边缘，没有什么自己的意见，也很好相处。但是在重要的时候，她会分享一些观察入微的东西。当大家需要凝聚在一起对抗大魔王时，她也是充满力量的勇士，可以奋不顾身地作战，一点儿都不像之前的被动模样。

设计 MBTI 自评量表的母女中，女儿伊莎贝尔也是 INFP，所以她将对人的好奇与观察转换成研究，设计出这个自评量表来帮助人们更了解自己，这就是她送给这个世界的礼物。

特质 能深入钻研与创作，完全忘记时间

你可能比其他人更敏感，常常有很多感受需要消化，所以你倾向于根据情感以及信念来做决定。你也充满好奇心，想要研究各种事情。为了多方探索、加深对这个世界的理解，你会看书、看电影或和他人讨论，也可能做不同的工作、学习不同的东西。所以你一旦融会贯通，常常会有独创或深入的见解，让大家惊艳！

你非常有创意，又忠于自己的信念，而且对探索人性非常感兴趣，你很想知道为什么人会这样做、为什么世界会这样发展。例如你在学习或研究东西的过程中，可以废寝忘食、完全忘记时间，而且你愿意主动去做这样的事情，还可以没有什么压力地做。所以当你可以发挥这方面的长处，多多学习、探索人性，你就会进入心流状态，你甚至可以构思出理论来帮助他人、对这个世界有所贡献。

因为你可以看到一些趋势，也洞悉人类的情感，所以你其实有某种"超能力"，有时可以比其他人更早了解他们的感受与想法。相较于有类似"超能力"的 INFJ，你更能设定好界线，不被他人影响或切断自己与情感、身体的联结。

你对他人非常包容，很可能因为你常常自认是怪人或被他人这样看待，所以当他人做出一些脱序的事情时，你不太会将自己的价值观套在他人身上、要求他人改变。尤其是对爱的人，你会给足对方做自己的空间，就算对方做的事情大部分的人都无法接受，你也愿意继续陪伴他。你会尊重对方的想法，就算和自身利益不符也一样。例如对方想跟你分手，就算你已经付出很多、依然深爱对方，你也可能因为尊重对方而不尝试挽回。

你在成长的过程中可能因为沟通受挫，而慢慢不跟其他人分享想法，因为你说不清楚，有些事情也可能太黑暗了。但是对你真正爱的人，你愿意尝试分享真正的想法和展现脆弱的地方。

关卡 被迫与现实妥协让你怀疑人生

如果父母或成长环境从你小时候起就要求你遵循规范，不给你任何机会去了解自己，你就可能一直不了解自己的信念是什么。于是，你容易做什么事情都觉得没有意义，又好像对什么事情都有兴趣。结果就是什么都做一点儿，却都是三分钟热度，最后让你怀疑人生混乱、自己到底在做什么。

也许一直有人说你期待的理想并不可能实现，要你回归现实，不要再抱有梦想。有太多人要你向现实妥协的时候，你可能自暴自弃，觉得"干脆不要想，反正我必须妥协"，因而放弃发挥自己的长处，也就是你的理想、你的梦想。

面对外界抛给你的挑战，你也可能选择反抗，建立一个保护圈来保护自己。这时候，你的自信心可能异常强烈，觉得"我的理想才是对的，你们这些凡夫俗子太俗气"。你可能想要硬碰硬，执着于实现理想，而不去关注现实的状态。当你被触发应激、太过生气时，你可能干脆完全放弃理智，不做任何逻辑分析，坚持要走自己的路。

你如果没有机会尝试新的东西或人生阅历太少，就可能过度仰赖过去的经验，记得过去他人的批评和自己失败的尝试，养成习得性无助，自认为"反正不管我做什么都不会成功，人家都说不行"，因而无所作为。而当他人讲到太细节、太实际的事情时，你的思绪就会飘走。因为这些是你最不擅长考虑的，所以你只要听到就可能觉得"好煞风景"，有点儿像把你从天上拉下来的感觉。

你的特质如果在你的成长环境中得到了很大程度的发展，你就可能过度发展天马行空的思考方式，太专注于"扮演黑洞"，吞没各种对实际的考虑，反而抑制自身逻辑与现实思考的发展。

你不太擅长关注实际的局面、分析现状，也不太擅长思考从何下手解决问题。加上因为想法太多，你较难厘清或表达，所以家长、老师或主管，尤其是注重细节和效率的人，就容易跟你合不来，觉得你做事怎么这么没有逻辑，或质疑你到底在发什么呆。

你也不擅长运用一些大家推崇的分析工具，例如 SWOT。这对你来说是相对困难又无趣的事情，因为你觉得这类工具太僵化，条目式的叙述根本无法体现全貌。

对很市侩、就事论事、讲话很快、过度分析事务的人，你的感受与其说是讨厌，不如说是害怕，因为这些人可能代表了这个社会的价值观，或从小压迫你不能做自己的人。你理解这些特质能让人更容易在社会中生存与成功，但你真的觉得这么做好难，而且每当你想培养这些特质时就会受到挫折。经过社会化的你也许可以装成这个样子，但内心深处总是多少觉得这样子有点儿市侩、肤浅。

你其实很明白这些人在社会中的重要性，只是可能真的不太喜欢这个世界。不过，既来之则安之，就像上学时，不是每一科你都喜欢，但既然是必修课，还是得了解一下这堂课的评分方式，也要想办法及格毕业那样。这些你可能不太欣赏的人就像是这些科目的学霸，他们知道怎么在这里拿到高分，所以有很多值得你学习的地方。

提醒 来到地球冒险，不要怕受伤

对其他人来说，你的思维好像有点儿跳跃，怎么一下子喜欢这个、一下子喜欢那个。他人如果看不出你尝试的东西之间有什么联结，或觉得"没有用"，就很可能觉得你活在自己的世界里，不懂人情世故和社会的生存法则，常常浪费时间；其他人也可能不知道你其实只是想进行多方尝试，才会有时候忽然"飘过来"又忽然"飘走"，因而误解你是三分钟热度或没有纪律的人。

你可能从小因为种种压力而觉得"我真是一个很没用的人"，或怀疑自己真的很懒、找不到动力、想不明白自己到底在干吗，但请记得荣格的理念："你是送给这个世界的礼物。"你有你的特质，而世界需要你这样子的人，所以请了解你的特质、多多发挥吧。

你需要多尝试、探索不同的事物，通过经验的累积来了解自己喜欢什么、什么是自己坚持的理念。只有通过与外界互动，你才能有更多的知识、信息，才能知道什么是对的、什么是错的，以及什么对自己是重要的。

但很难的是，因为你表现出来的状态容易在社会中遭受抨击或不被接受，所以你受挫时容易觉得"哎，算了，我回到我安全的'窝'里好了，我不想再探索、不想再跟外界互动"。这是比较危险的想法，因为一旦停止探索，你就停止成长了。所以，请不要怕，继续往外看吧。

年轻时不知道社会险恶的你，可能很容易把自己脆弱的那一面给他人看，但有了几次受伤的经验后，慢慢就会退缩回去，开始建立一些保护自己的机制。虽然你要适度保护自己，不要让自己这么容易受伤，但请不要因此就封闭自己、对人生失去信心。

许多 INFP 都觉得自己是外星人，你如果也这么想，那么请想象你来到地球，就是要学习这里的生存法则。完整的 INFP 不会一直关注自己和这个世界有多么格格不入，而会试着了解自己的想法在这个世界有多特别，然后加强执行力去落实，将头脑中的创意和难以解说的想法化为成果，带给这个世界意想不到的惊喜。

你带给世界的礼物是：

『通过整合内在世界，发展跳出框架的思维。』

＃精神自由

＃探讨人性

＃创意思考

第十一章

E_FJ：重视人与人之间的
理解以及团队和谐

"

　　E_FJ 就像一棵'爱心树'（the giving tree），为了他人奉献一生。不过，E_FJ 需要了解社会需要各式各样不同价值观的人，才能理解多元共融。一旦 E_FJ 明白了团队'合久必分，分久必合'，那么就算大家不融洽也可以一起工作。冲突或分开不一定是坏事，也许是成长的开始，让他们有机会成为每个团队都需要的小太阳。

"

E_FJ 和你有几分像？

你在 35 岁之前……

☐ 相较于关心自身感受，更倾向于花时间关心他人的想法与团队的和谐。

☐ 做决定时不太考虑是否符合逻辑，而是关注这个决定对大家的感受、团队的动力有何影响。

☐ 做事的时候比较喜欢事先规划，再按部就班执行。有时候他人开心比自己开心还重要。

☐ 倾向于从外界或与他人的互动中获得能量。

☐ 有时为了和谐，不愿意看到真相。

☐ 对你来说，就算是符合逻辑的事情，如果做了会让很多人不开心，那就不应该做。

☐ 觉得家和万事兴，应该劝和不劝离。

☐ 容易被他人的情绪绑架，容易牺牲自己去满足他人。

※ 你如果想初步探索 ENFJ/ESFJ 有多符合你，可以参考以上叙述与你相符的程度。但请务必注意，以上并非 MBTI 官方的正式自评量表，千万不要以此认定你的人格类型。

E_FJ 很可能从小就超龄扮演"公关"与"和事佬"的角色。因为重视人与人的沟通和关系的和谐,为了让大家都开心、不起冲突,他们专注于了解他人的需求,并想办法加以满足。

E_FJ 到哪里都对"潜规则"非常敏感,他们有时会对逻辑和思考"睁一只眼闭一只眼"。例如,有些社会传统或大家都喜欢的东西其实并不合理,但他们可能选择视而不见,因为如果看到事情的真相,或将一些事情摊开来说,他们辛苦维护的和谐可能被破坏。

对 E_FJ 来说,"对"的事情只要能让大家开心,那么就算它不合逻辑或他们不喜欢,他们也还是会硬着头皮去做。E_FJ 如果从小这么做就被看到也受到赞赏,那么他们长大后会越来越美化"牺牲自己成就他人"的价值。只要他人表达感激,他们就会觉得一切都值得。

热心助人的"24 小时咨询热线"

E_FJ 可以在他人难过时提供安慰,或在他人冲突时扮演和事佬,久而久之大家碰到问题就会去找他们,也会肯定他们的能力,使得"满足他人需求"成为他们的成就感来源,因而"一不小心"就一直被"弱势"的人吸引,让自己的社交活动多到要"跑摊"。

E_FJ 可能在不知不觉中成为团队里大家可以仰赖的对象,又可能因为人缘太好而担任联结不同团队的桥梁。因此,其他人不管和他们的交情如何,都可能把他们的电话当成 24 小时咨询热线。

这样的状况可能让 E_FJ 真正亲近的人觉得他们重视他人胜过

自己，因为一个人对每个人都公平可能就等同于对自己爱的人不公平。

E_FJ 的压力常常来自无法满足大家的需求。他们很累的时候，可能想推掉"里长伯／管家婆"的责任，却又怕从此不被重视从而纠结。于是，他们可能借用亲人的力量来暂时回绝他人，比如"我妈妈不让我去""我老婆说不行""我要监督小孩完成功课"。但这有可能让身边的人不小心扮"黑脸"，让人觉得："她／他的先生／太太好凶，管好多！"E_FJ 需要注意，这样的人设会只把自己当成好人，而让身边的人当反派，有时会让身边的人感到不爽。

为了让他人开心而忽略自己的感受

E_FJ 擅长通过与人沟通来产生学习动机。尤其是在小时候还不太了解自己喜欢什么时，他们很可能为了让家人开心或符合他人的期待而去学习。例如，暑假有科学夏令营和话剧夏令营，他们可能因为父母说学科学比较有前途而选择科学夏令营，或因为朋友都去话剧夏令营而选择话剧夏令营。无论如何，他们都可能不太知道自己真的喜欢哪一个，或就算知道，但那种喜欢不足以抗衡他人的不喜欢，所以他们就选择不管自己的感受。

结果就是，他们常常成为父母觉得最贴心的孩子，或朋友觉得最可靠、最值得信赖的支柱。因为人缘好，也是大家"最可以依赖的人"，他们越来越不去探索自己喜欢什么，尤其是隐约感受到自己的喜好并不符合他人期待的时候。

由于总是扮演"公关"，又能理解他人的需求，E_FJ 可能从小就受到大家喜爱。于是，他们对他人不喜欢自己非常敏感，尤其是不成熟的 E_FJ，就算只有一个人不喜欢自己也会嫌多，常常花心思去讨好不熟的人或团队中的少数。一旦有人不喜欢他们，他们就觉得好像喉咙卡到刺，不管刺有多小，就是不舒服。

不成熟的 E_FJ 往往认为："本来就应该大家互相看到对方的需求，然后牺牲自己来满足他人啊。"他们由于能理解他人的需求，还会自我牺牲，所以也会希望其他人也如此行事。E_FJ 不想做"自私"的人，但是他们也期待他人能自动、自发地看到、满足他们的需求，当他人没有这么做时，他们可能非常伤心或愤怒。

当"爱心树"不再被需要的时候

E_FJ 容易感觉自己被他人的情绪绑架，或被他人的情绪所伤。E_FJ 有时看不出来他人只是就事论事、讲出想法，并没有一定要人照着他们的方法做事，但 E_FJ 可能为此改变自己来满足他人。

E_FJ 如果认定自己为了凝聚团队的付出是"牺牲"，那么当某天忽然发现自己花了那么多心血，还是没有获得大家的喜欢与认可，甚至还被指责管太多，一直压抑自身需求的 E_FJ 就可能爆发，变得斤斤计较、过度批判，这时大家会被"好好先生 / 好好小姐"的情绪爆发吓到。

有些 E_FJ 在不受重视之后，会开始觉得自己好可怜或被背叛，认为自己非常"命苦"，像"爱心树"一样为了他人奉献一生。但事实上，是他们自己告诉他人"你可以砍了我"的。

如果有一天，E_FJ 感觉不被需要，那么那种空虚的感受可能让他们难以承受。这时他们也许会觉得人生没有意义，或他人已经不爱他们，却没有看到这是每个人成长必经的过程，因为只有没有成长的人才会一直依赖他人。

E_FJ 不管怎么做都无法维持团队和谐或被看到价值时，可能远离人群，告诉自己从此不再和人往来（这件事比较难坚持下来），也可能讲话越来越酸、讽刺他人，还可能通过情绪勒索让他人满足自己的期待。这些都是 E_FJ 在受过伤、没有自信心，或小时候曾被暴力对待后可能发展出来的状况。

真正的和谐不是大家都一样

E_FJ 很了解人需要群体生活才能生存，他们费尽心思好让大家聚在一起，巩固他们认为和谐的团队动力。E_FJ 如果好好发展逻辑，厘清自己与他人在感情上的界线，了解团队"合久必分，分久必合"，而且冲突或分开不一定不好，也可能是成长的开始，他们就有机会成为每个团队都需要的小太阳。

但 E_FJ 如果没有发展好逻辑，可能无法接受有些人更重视自己的价值观而非团队生活。当这些人因自己的观念与主流价值观起冲突而选择脱队时，E_FJ 就可能用道德观、潜规则或自己的情绪来控制他们，要求对方的行为合乎社会规范，比如对选择不婚或不生育的人施压，告诉对方人到了几岁应该结婚生子、对方这样的选择并不正确。

　　E_FJ 需要了解不是每个人都以团队为重或认同主流价值观，而社会本来就很多元，各式各样不同的人也需要磨合才能激发火花并成长。他们必须了解自己的底线与能力，在能力范围内帮助他人，并了解自己的付出不是"牺牲"，而是出于自愿，这种付出能够为自己带来成就感。

致 ENFJ：
"你的贡献可能未来才会受人由衷欣赏。"

ENFJ 是最符合你的类型吗？

☐ 你关注大家的感受以及团队动力。做决定时，会先想出解决问题
的方式，判断是否需要因为人的不同而做调整。

☐ 你会设想未来如何让大家快乐，并预先做准备。

☐ 你可能喜欢研究如何让小团队乃至全人类过得更好。

身边的人可能这样形容你：

☐ 开朗　　　☐ 乐于助人　☐ 同理心强　☐ 关怀他人

☐ 友善　　　☐ 忠诚　　　☐ 啰唆　　　☐ 很需要被关怀

☐ 容易走心　☐ 能煽动人心　☐ 注重和谐　☐ 喜欢规划活动

☐ 地下领袖　☐ 影响力强

☐ 可以为了未来和谐牺牲当下的利益

※ 你如果想初步探索 ENFJ 有多符合你，可以参考以上叙述与你相符的程
度。但请务必注意，以上并非 MBTI 官方的正式自评量表，千万不要以
此认定你的人格类型。

《狮子王》(*Simba: È nato un re*)的狮王木法沙是动物之王，他理解生命生生不息，在他与儿子谈话时，观众可以感受到他非常尽责地保护家园和生活其中的动物。他可能是 ENFJ，虽然仁慈，但也具有威严，是大家尊敬的对象。

《X 战警》(*X-Men*)的 X 教授充满了爱，他收留不够成熟或不太会控制自身力量的变种人青少年，像慈父一样照顾、训练他们。他的最终目标是让变种人与人类和平共处，但是他也非常清楚有时这需要武力才能达成，所以他创立了 X 学院，并建立了由变种人组成的超级英雄团队"X 战警"。X 教授为了人类的安全，在琴（代号"凤凰"）的小时候封印住了她深不可测的凤凰之力，因为他看到了这股力量的黑暗面。

X 教授是个非常有趣的 ENFJ，让观众看到 ENFJ 为了维护和平，会强行压抑自己和他人"黑暗"的那一面，牺牲了让人做真实的自己的机会。但是一如电影里的情节，这样的压抑总有一天会爆发，威胁 ENFJ 一直想要维护的安全假象。

特质 超前部署，照顾他人的需求

你从小就能把所有的线索串联在一起，比如说小时候饿了便哭，哭了就发现妈妈来了，于是你很小就找出了这种联结，明白"我怎么做，他人会有什么反应"，久而久之这就会变成一种同理的直觉，他人好像一笑或一皱眉头，你就大概知道他们在想什么了。

随着年龄增长，你越来越可以从他人的行为模式去预判他们未来的需求，并想象有什么方式可以提前做好准备，以便让大家都过得很好。例如，你注意到现在的青少年在社交媒体发达的时代长大，可能因为看到他人过度包装的生活而感到忧郁，因此你会提早想出一些帮助青少年树立自信心的方法。

当你看出了大家的需求，而当前的社会并无法加以满足时，如果你运用自己的能力创造新制度，或号召志同道合的人一起引导大家过得更好、更平等——小至你的家人、朋友，大到国家、世界，你就能进入心流状态。例如，夏天大家一起去爬山，你想到有人可能不知道山顶山脚的温差而忘了带外套，你也想到大家在长途跋涉的途中会饿，因此，你不只会出发前给大家发提醒，还会多带外套和小点心，以备不时之需。

你对爱的人会嘘寒问暖，试着了解他们的喜好并加以满足。你可能计划一些惊喜，让他们倍感窝心。例如，你会为很久没有回国的友人准备家乡菜或你觉得他会喜欢的菜肴，借此欢迎他回国。

关卡 太在意他人需求的"一人公关公司"

当你过度在意他人，你就会很像一人公关公司，花很多时间在满足他人的需求上。当你无法满足那些需求时，你就会一直看到自己的不足，质疑自己为什么做不到、为什么大家都过得非常痛苦。相对地，你不太善于看到自己需要什么。所以，在帮助他人之前你要先想一想，自己想不想做这件事情、有没有时间，也要考虑他人需不需要你的帮忙。

如果你的信息不足，或还没有见过很多世面，就过于相信直觉，你就可能误判他人的感受。例如你看到老板皱眉头，就会妄下结论，认为老板不喜欢某方案，却没有去验证这个推论是否合理、老板是不是这样想。如果你推估错误，努力另外开发了许多其他的方案，最后才发现老板其实很喜欢最初的方案，你就会觉得吃力不讨好，感到很伤心。

在压力大的情况下，你可能过度关注感官接收到的信息，比如你看到他人看你的眼神好像不太对就过度分析，怀疑对方反对你的想法，却不去思考有没有其他的可能性。所以，你要先找到自己的信念，才不会轻易被牵着走，因为他人的一个眼色或一句话就动摇。

偶像剧里常见的一种剧情是，男女主角的恋情历经坎坷后，好不容易快要拨云见日时，女二号或其他配角挑拨离间，让主角很难过，然后主角突然离开这段感情。我每次看到这种都会想，这个主角就是没有发展好的 ENFJ，过度使用感官而妄下结论，认定对方一定不爱自己了。

你不太理解为什么有人坚持做一些不能让大家共赢的决定，或有些人为什么做事完全不顾人情。例如，邦德的上司"M"每次都会对邦德说"你给我好好听话，不要乱搞、不要弄个国际事件出来"，但是邦德几乎每次都把这番话当作耳边风。虽然他因此常常闯祸，但也因为不容易被规则框住而可以完成很多任务。

所以，像邦德这种类型的人也有值得被欣赏的地方。因为如果每个人都牺牲自己照顾他人，也默默希望他人会为团队做些妥协，那么这个世界上就没有人可以真正做到自我实现。此外，社会也需要有人不会因为人情压力而不指出问题，这样你才能发现社会风气或文化潜藏的负面影响。

提醒　划出界线，你的人生不会崩塌

我的第一个建议就是先想清楚自己要什么、自己的信念是什么，不然你一辈子都会被人家牵着鼻子跑。因为你想要大家都喜欢你，久而久之心里的内耗会让你非常累，也会让你怀疑人生的意义到底是什么。尤其是在你很辛苦，但他人还是没有看到你的价值，或后来因为某些事情跟你翻脸时，这真的会打击到你的自信心。

第二个建议就是厘清哪些人对你是重要的，哪些则是不必在乎的。因为你太习惯只要有人需要，你就去满足，但是你真的没有这么多的时间和力气。我有个朋友非常热心，曾经为某个慈善机构募捐到很多的款项，后来其他的慈善机构都找上门。最后他分身乏术，也因为投入每个机构的时间并不多，所以他人并没有看到他的付出。

第三个建议就是对你爱的人也必须划出界线。很多时候对方并不会因为你不帮忙就完蛋了，如果你一直把对方照顾得好好的，那

么你其实剥夺了他的一些学习机会。很多人必须要从失败中学习，没有经历就不会长大。所以你会看到有些父母很能干，小孩却不太会处理事情，或有些父母很迷糊，小孩却非常能干。

当你划出界线的时候，可以这样想："我不是见死不救，我只是必须先顾好自己。"同时，你也要学习接受他人不喜欢你，或者他人听到你划的界线可能难过。另外，你也可以试着想想看，如果他人不需要你、不喜欢你会怎么样，最坏可能发生什么事情。其实你的人生不会崩塌，你的存在的意义也不是服侍其他人。

你可能非常相信自己看到的潜规则，比如说小时候人家教过你什么样的交情该包多大的红包，或公司面试一定要穿什么衣服、要怎么样跟老师讲话，你会觉得这些是正确的，他人也必须照着做，否则就是很糟糕的人。

但你要退后一步，想想看你觉得对的事情，不一定所有人都觉得对，就算社会要有一些潜规则才可以和谐，每个人还是可能有不同的看法。所以当他人的观念和你的相悖时，你可以想一想："他这样真的会影响大家吗？我为什么这么生气？他做的事情是不是我潜意识也想做，但被压抑下来或强迫自己放弃的？我是不是太想控制外界和其他人了？"

完整的 ENFJ 了解自己的目标，能通过了解他人和看到未来趋势而做好准备，他们不再和他人对立，也能够试着了解不同人的出发点，愿意通过同理来解决问题。比如一些人，他们无法理解为什么有人会为了商业利益砍伐森林，一旦把砍伐森林的人标签化后，双方就无法协商。如果这些人能看到背后的原因，比如砍伐森林的人没有其他的生活资源，就可以思考除了砍伐森林，还有没有其他兼顾环保与生计的办法。

你带给世界的礼物是:

「预先看到大家未来的需求。」

照顾他人
以团队为重
未雨绸缪

致 ESFJ：
"大家过去与现在的需求，不一定是未来的需求。"

ESFJ 是最符合你的类型吗？

☐ 你关注大家的感受和团队动力。做决定时，会先参考过去的经验来设想大家的需求。

☐ 你可能花许多时间观察、研究其他人的喜好。

☐ 你擅长通过一些传统和仪式来凝聚大家。

身边的人可能这样形容你：

☐ 关怀他人	☐ 友善	☐ 忠诚	☐ 传统
☐ 组织能力强	☐ 务实	☐ 乐于助人	☐ 容易走心
☐ 善于社交	☐ 注重和谐	☐ 爱操心	☐ 喜欢规划活动
☐ 办活动的主角	☐ 很需要被关怀	☐ 在意他人怎么看你	

※ 你如果想初步探索 ESFJ 有多符合你，可以参考以上叙述与你相符的程度。但请务必注意，以上并非 MBTI 官方的正式自评量表，千万不要以此认定你的人格类型。

海绵宝宝是个喜剧型的卡通人物，虽然在卡通里面有些夸张，但是可以看得出来，它的一举一动都是为了团队的和谐。它可能就是 ESFJ。

另一个可能是 ESFJ 的角色是《天龙八部》的乔峰（萧峰）。他是个情感丰富的悲剧英雄，在江湖上名声显赫、见义勇为、富有同情心，也是个爱国人士。他发现自己的身世，而自己原来就是自己一直以为的"坏人"时，便面临身份认同危机（identity crisis），他无法确定应该维护哪一方的和谐，最后因为感情用事而让自己陷入两难，在难以抉择的拉扯之中决定自我了断。

特质 你就像凝聚全家族的族长

你比较善于运用过去的经验来促进团队的和谐，所以你喜欢节庆或一些传统，因为以你的经验来说，好像每年中秋节全家烤肉、赏月或公司年会等都可以凝聚团队，所以你可能担任家族聚会的发起人或公司的工会代表。

不管你是家庭主夫、家庭主妇，还是公司老板、部门主管，如果你可以运用过去的经验来建立系统，照顾到身边所有的人，你就可以进入心流状态。我一个很要好的朋友在美国一家大型企业专门做多元共融的团建训练，他在工作中可以和人密切互动，还可以详细解说多元共融的重要性，因而获得了很大的成就。

你爱人的方式像故事中典型的"好阿妈"，常常问人家想吃什么、会不会冷、需不需要帮忙等。你的关怀就像太阳一样的温暖，对内心空虚以及孤单的人来说更是如此。

关卡 人、事、物都会改变，记得更新脑中的"硬盘"

你过于关心团队或其他人时，可能忽略自己的感受。尤其是如果身在冲突很多的家中，你可能很早就要扮演和事佬，花很多时间关注大家的情绪、牺牲自己成全他人，导致你没空觉察自己的需求。你如果过去曾有不好的回忆，也有可能花更多的时间去关注或讨好他人。

当你累积的经验不够多时，你对人家的"好"可能来自心中的"以为"，就是对方曾经喜欢过什么东西，你就一直给他、一直给他、一直给他，当对方不愿意再接受这份好意时，你可能觉得很受伤。

例如，我和一个朋友吃饭，我第一次点了牛排，之后每一次出去他都会约在吃牛排的餐厅，因为他会依照过去的经验来推测我的喜好，但其实我只有第一次吃饭那天想吃牛排，其他时候想吃别的东西。你一定要记住，人、事、物都会随时间而改变，而且人也不总是呈现自己最真实的那一面。因此，除了参考过去的经验，你也要留意更新信息。

在压力大的情况下，你可能过度使用直觉，例如你在遇到和过去大不相同的事情，感到困扰时，就可能去参加在森林里三天的打坐行程，或因为希望可以控制环境而轻易相信他人的"预言"。不过，相较于"适不适合换工作"这种方面的问题，你可能更想探索人生的意义或咨询情感问题。

因为你在意其他人的想法，所以在遇到问题时，你也可能不停向外界求助，不太会向内寻找答案，因而低估了自己内在的力量。

你不太擅长或较不重视所谓的"逻辑"。因为你的重点是"大家都好我就好"，所以你可能觉得一件事情就算合理，但只要做了就会让整个团队的人不开心，或需要牺牲某些人，那就不如不要做。

比如配偶有外遇的迹象可能很明显，但你还是选择睁一只眼闭一只眼，每天继续做自己的事情，担心直面这个问题会影响家庭和谐。也就是说，你不太习惯用数据、论述来评估事情，可能盲从或不愿意看到真相。

你可能最讨厌挑战传统、想要推翻习俗的人，这类人的举动如果威胁到了你的信念，你的反应会特别强烈。对那种把自己放在第一位、为了自身未来的名利而努力的人，你也觉得非常自私、无法理解。

不过，这些人实际上也有值得被欣赏的地方，毕竟世界上有很多传统习俗会渐渐不合时宜，有人能理性看待这些传统习俗，其实可以带给你一些启发。而"自私"的人把自己放在第一位，从另一个角度来看，就是他们会照顾好自己，不会造成其他人（特别是你这种常常为他人操心的人）的负担。

此外，这个世界也需要有人为了说出事实，不畏人情压力而敢于挑战权威，这样才可以推动人类的进步。

像我生完小孩后，每天都有志愿者来房间告诉我喂母乳的好处与重要性。当我发现母乳不足时，他们也一直加油打气，给了我很多饮食秘方。所以生第一胎时，我坚持全部喂母乳，结果小孩因为奶水不足体重急速下降，而我也因为给自己太大的压力而患上了产后抑郁症。但是生第二胎时，我就会告诉这些志愿者朋友，我母乳不够时会给小孩喝奶粉。对他们来说，我是个任性（也可能是自私）的产妇，但是对我来说，就算知道小孩喝母乳最好，我也必须要做出对自己身心健康最好的决定。

提醒 为了维护和谐，偶尔也要强悍

你要找到自己的信念，并有所坚持。虽然你重视团队和谐，但是每个人的想法都不一样，你永远没办法让所有人都喜欢你的决定或认可你，你要提早接受这一点。我知道这个知易行难，你可以先试试看建立自己的信任圈（circle of trust）：你希望获得一部分人的认可，再以此为核心，慢慢往外扩大圈子。如果不太熟悉的人对你有微词，那么就学习放下，不要因为任何一个人不喜欢就影响你的决定。

你也要学习说"不"。设定好自己的界线之后，你不需要每次都答应他人的要求。也许你会觉得很不好意思，但是你要回头问问自己："我不好意思说'不'，可是他为什么好意思问我？"况且，有的人其实只是问问看，也不是非要你答应不可。

进一步来说，你也可以反思："如果他人不喜欢我，我会怎么样？"实际上，这不是世界末日，你不会这样就死掉，还是可以重新再来。这样想可以帮助你少时间迎合每个人。

此外，不要为了维护团队的和谐而忽视一些真相。如果你选择不看比较丑陋的那一面，那么你维持的和谐其实也是表面的和谐，无法长久。

我建议你勇敢面对"我出了问题"的事实，这样才能解决问题，达成真正的多元共融。我最喜欢的偶像团体曾分享他们感情一直很好的秘诀，就是在团队中有架一定要吵，吵完就好了。我想他们也知道，不爽的心情如果被闷在心里，会更破坏团队的和谐与默契。

我也建议你偶尔拿出强悍的一面，因为你倾向于避免冲突，但有些人看到他人强悍时反而更尊敬、相信对方。因此，别害怕展现力量，这也许反而能帮助团队更和谐。

还有一个建议乍听之下有点儿矛盾，就是不要为了维护和谐而对他人过度批判。例如，我有个朋友非常热衷于推动平权、反歧视，他对任何带有歧视的话语都是零容忍，但是这样的行为只会让心中有歧视的人离他越来越远、另外组织自己的圈子。后来他发现，要真正推动多元共融，不是通过压抑想法，而是要提供一个安全的场所让大家交流。因为只有互相倾听，人们才能真正理解其他人的想法，也才有机会解决问题。

最后一个建议是，你如果想长长久久地照顾他人，就一定要先把自己照顾好。你一直压抑情感、牺牲自己的需求，其实就是没有好好对待自己，而真正爱你的人不会希望你这么做。他人的人生不是你的责任，你不需要照顾每一个人。

完整的 ESFJ 懂得在他人需要的时候提供最温暖的支持，但也懂得每个人有不同的价值观，而且很多时候人要经历过失败才会成长。所以，你会知道，有时"被动陪伴"就好，要适时放手，让每个人都能学会照顾自己。完整的 ESFJ 也明白有时必须做取舍，不可能永远让每个人都开心。对每个决定，一定有人支持，也一定有人反对，你要找到自己的信念、逻辑与底线，不再害怕做出困难的决定。

你带给世界的礼物是：

『运用过去的经验，让大家的相处更和谐。』

\# 重视团队

\# 小太阳

\# 同理心

后记 世界需要不同的你我

某个周六我刚睡醒，和先生闲聊了一下我频道的人物采访。忽然他话锋一转：

"你的频道开始赚钱了没？"

"没有啊，光靠流量赚不了什么钱，都不一定能抵得上剪辑的费用呢。"

"那你要不要问问看我朋友 ××× ？他也许会有些建议。你有想法吗？还可能有什么赚钱的方式？"

忽然，我觉察到本来还慵懒躺着的我，身体开始紧绷，眉头也紧缩。我坐了起来，抛了一句："老公，有人问你意见时再说比较好。"

没有等到他的回应，我就气呼呼地走入厕所锁上了门。

我为什么突然生气了呢？我的大脑知道他是为了我好，非常实际的他常常不太能理解为什么我会做赔钱的事情；我也知道他很诚心地想帮忙，思考可以给我的资源，但是大脑虽然知道，我的身体和情绪却有不同的反应。

自从几年前开启了自我觉察之路，我通过 MBTI 看到了自己的特质，也发现了自己被压抑的那个"阴暗面"。我看到选择扮演"强者"的角色对我人生的影响，这角色有着"无所不知、无所不能"的特质，因此，我不喜欢人家觉得我是弱者或是需要帮忙的人。对我来说，这代表了我不够好。只要有人好像要开始说教，我的态度就会变得很强硬、防卫心很强，有时就会辩论起来。因此，我曾经对比我年长一些的男性能躲就躲。后来我发现是因为在比例上，这个群体最喜欢对我说教。

久而久之，这个群体的人（以及其他看过我对他人主动提建议的反应的人）会怎么看我？

"这个人耳朵很'硬'，听不进建议。""这个人不想被帮忙。""她很有想法，最好还是顺着她的意思，听她的。""跟她沟通可能吵架。"

于是，在工作上，大家尽量和我保持距离。如果有些建议，大家能不说就尽量不会说。谁会没事想要找架吵呢？

慢慢地，我越来越觉得我做的事应该没有错（我没有听见什么反对的声音啊！），但也觉得为什么身边的人都不够努力、不会自发做事情，也没有人主动支持我。这证实了我从前的信念：没有人会帮你，只有你能帮你自己。

这就是我以前的人生剧本。只是我没看到自己如何和外界共同演绎了这个让我自怜的剧情。在厕所平静了一下之后，我知道为什么自己生气了，因为：我其实这阵子为了频道没有赚钱又很费时而苦恼，内心纠结着是否还要花这么多时间或要不要接广告，而我先生的话直接戳到了我的痛处。他建议我去问他人就代表我不会，我扮演"强者"的人设久了，对求助这个行为有反射性的抗拒。

从厕所出来，我为自己这么没礼貌的行为向他道歉，也跟他分享了我有这么强烈的情绪的理由。但是当时我还是觉得他很不会看脸色，认识了这么多年，还不知道这样说会让我生气吗？不过想想，我自己就算经历了自我觉察，知道自己的盲点，还不是当下没有多想就生气了？

所以他不是不会看脸色，我也不是没有学习，只是我们在没有特别注意时，就会呈现最原始的自己。

MBTI只是我觉得最好懂又最方便的一种自我觉察工具，但它并非唯一的工具。也许你是因为MBTI而翻开这本书的，但这并不是我写这本书的重点。我希望通过这本书，可以为大家带来以下这些帮助。

1. 了解自己的本质。这包含被肯定的地方（例如独立自主）、盲点和被压抑的一面（例如不注重团队合作、不听建议）。

2. 看到每种性格各有优点（如果没有我先生这么实际的人，我们家的人可能时不时就要饿肚子了）。

3. 建立更有质量的人际关系。唯有接受自己的每一面，你才可能接受其他人的一切，也才能建立健康的人际关系。

当然，如果你可以更深入，我也希望你观察自己的潜意识偏见是如何形成的。就像上文提的，我因为自己的特质对比我年长的男性有敌意。自我觉察需要一辈子的学习，一旦你对自己有更深的了解，你就会像戴了不同颜色的眼镜，对世界产生不同的见解。我不会因为"学过了"就再也不会看人不顺眼，或再也不会生我先生的气，因为那是我的直觉反应，但次数会越来越少，而且每次当这种事情发生后，我知道我会学到更多关于如何面对自己和其他人的知识，因为我的心态与想法不同了。

最后，跟大家分享一句我非常喜欢的张爱玲在《倾城之恋》中写的一句话："如果你认识从前的我，也许会原谅现在的我。"

不管在看他人还是在看自己，你不要只看到眼前这一秒钟的样貌就有所批判。只有理解，你才能和解；只有和解，你才能前进。

我的梦想就是希望每个人都可以呈现真实的自己，让世界可以像彩虹一样那么缤纷、精彩、美丽。

致　谢

能够写完这本书，我实在有太多需要感谢的人。

首先要感谢的就是我的 INFP 助理兼工作伙伴蒂娜。当初如果不是她提议，我绝对不可能开始尝试录视频。从一开始的构思到剪辑上传，她都是"Sherry's Notes 雪力的心理学笔记"幕后的最大功臣。如果没有这个频道，也不会出现写这本书的契机。

其次就是在我频道还没有很多订阅者时，就看出我潜力的三采文化的伙伴。他们参与策划、提供建议，尤其在我碰到写作瓶颈时给予了我支持与协助。尤其谢谢 INTJ 的晓雯的规划，以及 INFP 的惠民细心整理我凌乱的草稿。

最后，也是最重要的，就是一直以来在油管（YouTube）与哔哩哔哩（bilibili）上订阅我频道的忠实观众。你们无私分享自己的经验，让我能更深入地了解 MBTI，你们的反馈也告诉了我我对你们的影响，而这些都是让我继续下去的动力。你们是我能够完成这本书的金三角，缺一不可。

在中年转行有太多的不确定性，我也非常惶恐。这股勇气的背后，其实涵盖了无数人给我的爱与支持。如果没有你们，我可能就无法迈出这一步。我希望借由我的第一本书，对你们表达我的感谢：

我的父母、妹妹和弟弟无条件支持我，也让我看到终身学习的榜样。当我的"照妖镜"、每天都让我有所学习的三个小孩。还有为我加油打气、让我觉得很幸福的亲戚们！最重要的，是不说鼓励的话，但是给我无限时间、财务自由，以及分担家务来支持我的先生。

我在哥伦比亚大学教育学院的教授：德布拉·努迈尔（Debra Noumair）、沃纳·伯克（Warner Burke）和比尔·帕斯莫尔（Bill Pasmore）。哥伦比亚大学教育学院真的改变了我的生活！正是这个变化点让我想到写这本书。

我的朋友：博比、黛安娜、弗朗姬、梅雷迪思和梅里。感谢Kweens成为我行走的"谷歌学术搜索"，感谢你们一直以来的支持，感谢你们让我承担责任。

谢谢热情又支持我的智囊学姐团：玛利亚和夏洛特。我的信任圈：老赵、"春秋女团"们。我的精神导师埃利安。台湾开平餐饮学校国际部的老同事蔡佩娟、黄允薇与学生们，谢谢你们永远当我最热情的粉丝。

此外，还有台湾女董事协会的姐妹们，特别是介绍我入会的高中同学王立心、荣誉理事长蔡玉玲、高中的两届校长童至祥，以及陈敏慧、庄淑芬、王传芬、杨正秋等协会中的众多姐妹。感谢你们在我低潮的时候用不同的方式支持我、肯定我。

还有可能不常见面、但是成就了今天的我的朋友们！

附录

MBTI 的认知功能

每个人心中都有 16 个房间

MBTI 的 16 种人格类型就像每个人心中都有的 16 个房间，最符合你的人格类型只是让你最舒服的那个房间，而不是你"唯一"拥有的房间。

ISTJ	ISFJ	INFJ	INTJ
ISTP	ISFP	INFP	INTP
ESTP	ESFP	ENFP	ENTP
ESTJ	ESFJ	ENFJ	ENTJ

8 种认知功能介绍

　　每种认知功能都代表一种看待世界或做事的方式，而每个人都会用到这 8 种认知功能，差别只在于是否擅长与惯用而已。请注意，"擅长与惯用"是自己的各个功能相互比较，而非和他人比较的结果。

认知功能	说明
S_I 内倾实感	以自己的实感经验去理解、诠释、规划现在与未来
S_E 外倾实感	通过感官接收当下的外界信息
N_I 内倾直觉	通过内在的"数据库"理解和探索（未来）可能性
N_E 外倾直觉	把外界的不同线索串联在一起，进而看出大方向与趋势
T_I 内倾思考	从不同的维度进行客观分析，并建立逻辑
T_E 外倾思考	快速看清现况，再进行资源的整合与管理
F_I 内倾情感	感受自己、了解什么对自己最重要、跟自身的内在情绪联结
F_E 外倾情感	通过与他人沟通、联络情感，让团队更和谐、关系更好

MBTI 人格类型的认知功能对照表

主导与辅导功能是你天生倾向于开发的认知功能，第三功能则通常在你青春期时才开始被开发，而你最不擅长、不愿使用或习惯压抑的则是第四功能。

		主导功能	辅导功能	第三功能	第四功能
CH4	**ISTJ**	S_I 内倾实感	T_E 外倾思考	F_I 内倾情感	N_E 外倾直觉
	ISFJ	S_I 内倾实感	F_E 外倾情感	T_I 内倾思考	N_E 外倾直觉
CH5	**ESFP**	S_E 外倾实感	F_I 内倾情感	T_E 外倾思考	N_I 内倾直觉
	ESTP	S_E 外倾实感	T_I 内倾思考	F_E 外倾情感	N_I 内倾直觉
CH6	**INTJ**	N_I 内倾直觉	T_E 外倾思考	F_I 内倾情感	S_E 外倾实感
	INFJ	N_I 内倾直觉	F_E 外倾情感	T_I 内倾思考	S_E 外倾实感
CH7	**ENFP**	N_E 外倾直觉	F_I 内倾情感	T_E 外倾思考	S_I 内倾实感
	ENTP	N_E 外倾直觉	T_I 内倾思考	F_E 外倾情感	S_I 内倾实感

		主导功能	辅导功能	第三功能	第四功能
CH8	**ISTP**	T_I 内倾思考	S_E 外倾实感	N_I 内倾直觉	F_E 外倾情感
	INTP	T_I 内倾思考	N_E 外倾直觉	S_I 内倾实感	F_E 外倾情感
CH9	**ENTJ**	T_E 外倾思考	N_I 内倾直觉	S_E 外倾实感	F_I 内倾情感
	ESTJ	T_E 外倾思考	S_I 内倾实感	N_E 外倾直觉	F_I 内倾情感
CH10	**ISFP**	F_I 内倾情感	S_E 外倾实感	N_I 内倾直觉	T_E 外倾思考
	INFP	F_I 内倾情感	N_E 外倾直觉	S_I 内倾实感	T_E 外倾思考
CH11	**ENFJ**	F_E 外倾情感	N_I 内倾直觉	S_E 外倾实感	T_I 内倾思考
	ESFJ	F_E 外倾情感	S_I 内倾实感	N_E 外倾直觉	T_I 内倾思考